建筑工程数字设计系列丛书

机电 BIM 正向设计实战

聂 贤 徐 张 苏鹏宇 主编

U0213986

中国建筑工业出版社

图书在版编目（CIP）数据

机电 BIM 正向设计实战 / 聂贤，徐张，苏鹏宇主编
. — 北京：中国建筑工业出版社，2024.1
（建筑工程数字设计系列丛书）
ISBN 978-7-112-29300-1

Ⅰ.①机… Ⅱ.①聂…②徐…③苏… Ⅲ.①机电设
备-建筑设计-计算机辅助设计-应用软件 Ⅳ.
①TU85-39

中国国家版本馆 CIP 数据核字（2023）第 214805 号

本书以 BIM 机电正向设计为最终目标，以 Revit2019 软件为载体，根据中国建筑西南设计研究院有限公司的正向设计实践，以实际项目的施工图设计过程为线索，详细讲述了 BIM 机电正向设计和制图、出图的要点及在 Revit2019 软件中的实现方法，提供了一套完整的在建筑工程领域中具有普适性的 BIM 机电正向设计解决方案。

本书浅显易懂、逻辑严密，填补了目前市场上缺少 BIM 机电正向设计解决方案的空白，能够帮助广大设计人员建立完整的 BIM 正向设计流程与方法，为在正向设计中遇到的实际问题提供解决方案，为大专院校机电专业师生和其他 BIM 从业人员提供有效参考。

责任编辑：戚琳琳　率　琦
责任校对：刘梦然
校对整理：张辰双

建筑工程数字设计系列丛书
机电 BIM 正向设计实战
聂　贤　徐　张　苏鹏宇　主编
*
中国建筑工业出版社出版、发行（北京海淀三里河路 9 号）
各地新华书店、建筑书店经销
北京科地亚盟排版公司制版
北京君升印刷有限公司印刷
*
开本：787 毫米×1092 毫米　1/16　印张：9　字数：223 千字
2023 年 12 月第一版　　2023 年 12 月第一次印刷
定价：**58.00** 元
ISBN 978-7-112-29300-1
（42042）

序 一

当前,数字化技术方兴未艾,正在深刻地改变甚至颠覆建筑设计行业原有的生产方式和竞争格局。国家在"十四五"规划中明确提出要"加快数字化发展,建设数字中国",国务院国资委要求"加快推进国有企业数字化转型工作"。对于建筑设计行业特别是国有建筑设计咨询企业,加快数字化转型,不仅是全面贯彻落实上级工作要求的政治自觉,更是推动企业持续、健康、高质量发展的现实需要。

中国建筑西南设计研究院有限公司历来十分重视 BIM 和数字化等新型信息技术的研究、应用和推广,坚持以"中建 136 工程"为统揽,以数字设计院为目标,企业决策层制定发展战略,信息化管理部、数字化专项委员会结合实践制定年度计划和管理办法,数字创新设计研究中心先行先试,探索适合企业 BIM 和数字化的发展路径,生产院、专业院所、中心工作室、各分支机构等逐步扩大 BIM 正向设计和数字化应用的比重。近十年来,我们投入了大量的人力物力,承担了"十三五"国家重点研发计划——"绿色施工与智慧建造关键技术"项目以及多个省部级数字化相关科研项目的研发工作,同时,企业累计支撑的 BIM 及数字化方面的科研课题已超过 40 项,累计投入超过 5000 万元,采用 BIM 正向设计或数字化的项目达到 300 余项,主编、参编 BIM 行业和地方标准 10 余部,建立了企业级数字设计云平台和数字资源库,为企业的数字化转型奠定了坚实的基础。

数字转型,共赢未来。为促进行业交流,抢抓机遇,发展共赢,中建西南院组织编写了"建筑工程数字设计系列丛书"。《机电 BIM 正向设计实战》是系列丛书的重要组成部分,本书的作者是中建西南院数字创新设计研究中心机电工程师,也是建设"数字设计院"的主要推动者,在机电设计方面具有多年的专业设计功底和丰富的项目实践经验,熟练掌握各种数字化软件的综合应用,将数字化手段充分应用到机电设计中,实现了基于 BIM 的三维协同设计流程再造,为企业的数字设计云平台建设和数字设计资源库建设起到了关键作用。本书系统总结了机电专业在正向设计方面的协同组织、案例实践和场景应用等方面的经验做法,必将为推动行业高质量发展起到重要的参考作用。

中国建筑集团副总工程师
中国建筑西南设计研究院有限公司首席总工程师(原党委书记、董事长) 龙卫国
2022 年 9 月

序 二

当今世界，新一轮科技革命和产业变革蓬勃发展，全球经济正加速步入数字时代。BIM、4G/5G、IoT、AI 等新一代信息技术和机器人等相关设备的快速发展和广泛应用，形成了数字世界与物理世界的交错融合和数据驱动发展的新局面，正在引起生产方式、生活方式、思维方式以及治理方式的深刻革命。

建筑企业顺应数字时代发展潮流，把握数字中国建设机遇，加快推动数字化转型升级，不仅是改变高消耗、高排放、粗放型传统产业现状的重要途径，而且是建筑企业增强竞争力、打造新优势，提升"中国建造"水平、实现高质量发展的核心要求。数字化转型是利用数字化技术推动企业提升技术能力，改变生产方式，转变业务模式、组织架构、企业文化等的变革措施，其中，实现数字化是基础，特别是 BIM 技术的出现，为企业集约经营、项目精益管理等的落地提供了更有效的手段。

BIM 技术在促进建筑各专业人员整合、提升建筑产品品质方面发挥的作用与日俱增，它将人员、系统和实践全部集成到一个由数据驱动的流程中，使所有参与者充分发挥自己的智慧，可在设计、加工和施工等所有阶段优化项目、减少浪费并最大限度地提高效率。BIM 不仅是一种信息技术，已经开始影响到建设项目的整个工作流程，而且对企业的管理和生产起到变革作用。我们相信，随着越来越多的行业从业者掌握和实践 BIM 技术，BIM 必将发挥更大的价值，带来更多的效益，为整个建筑行业的跨越式发展提供有力的技术支撑。

近年来，中国建筑集团持续立项对 BIM 集成应用和产业化进行深入研究，结合中建投资、设计、施工和运维"四位一体"的企业特点，对工程项目 BIM 应用的关键技术、组织模式、业务流程、标准规范和应用方法等进行了系统研究，建立了适合企业特点的 BIM 软件集成方案和基于 BIM 的设计与施工项目组织新模式及应用流程，经过近十年的持续研究和工程实践，形成了完善的企业 BIM 应用顶层设计架构、技术体系和实施方案，为企业变革和可持续发展注入了新的活力。

中建西南院作为中建的骨干设计企业，在"十三五"国家科技支撑计划项目研究中取得了可喜成果，开发了设计企业智慧建造集成应用系统，建立了企业级标准体系，培养了大量 BIM 管理和技术人才，开展了示范工程建设，大幅提高了 BIM 设计项目的比重，在企业数字化转型升级进程中迈出了坚实一步。

本书为"十三五"国家科技支撑计划项目系列著作之一。作者结合多年实践和大量项目实例分析，对设计企业机电设计工作者如何利用 Revit 进行 BIM 设计进行了详细论述，对有意推广 BIM 技术的设计企业和设计人员具有很好的参考价值。

中国建筑集团首席专家　李云贵

2022 年 8 月

序　三

Autodesk Revit 是欧特克公司针对工程建设行业推出的三维参数化 BIM 软件。2011年，由欧特克公司中国研究院构件开发组精心打造，出版了《Autodesk Revit MEP 2011应用宝典》一书，在国内 BIM 发展的初期阶段，这本书在很大程度上帮助了行业中从事设计、施工、管理的机电工程师掌握 BIM 机电设计的基本技能和协作原理。但之后很长一段时间里，受限于企业数字化水平、地方施工图审查要求和相关法律法规，BIM 正向设计在实际项目中的应用推广进展缓慢。

因工作之便，我曾与很多来自央企、地方国企、民营企业的工程师有过深入沟通。总结来说，他们普遍认为开展 BIM 正向设计有以下三点优势：1）协作前置带来的效率提升。可以在项目前期进行多专业的深入沟通，提前预判各关键控制点的复杂情况，提供多种解决方案，避免后续的返工和改图，减少大量施工阶段的配合工作；2）机电专业的重要性提升。甲方、施工方、建筑和结构专业的想法和改动均会对机电设计的工作量带来较大影响。但在 CAD 设计时期，机电专业大多是被动地执行这些改动，直到 BIM 设计改变了传统的提资和协同机制，机电专业的建议更多地是在前期被重视和采纳；3）设计质量的提升。BIM 正向设计决定了各专业设计深度的提升，尤其是机电专业为了能更有效地配合其他专业，需在施工图阶段达到足够的设计深度，使其他专业设计更加准确，避免了反复提资和修改带来的问题。

既然 BIM 正向设计有这样显著的优势，为何在工程行业全面推广时进展却不尽如人意呢？我认为有三方面的原因：第一是 BIM 正向设计从根本上改变了传统 CAD 设计的思路和工作流程，设计工具的技术进步，使原来单兵作战的阶段式二维设计转变为协同作战的互动式三维设计，这势必需要新型的设计流程和管理流程匹配，才能最大限度地发挥 BIM 正向设计的优势。第二是 BIM 的价值体现，只有当 BIM 的数据在工程项目全生命周期各阶段流转起来、应用起来，才能实现 BIM 效益的最大化，而这意味着行业协作、生产流程和交付成果都需迎来相应的变革。第三是 Revit 作为全球通用的 BIM 设计软件，需要进行符合企业设计习惯的基础设置，包括项目设置、视图样板设置、出图样板设置、族库设置等，必要时还需配合一定的软件操作技巧和二次开发工具，以达到期望的效率和效果。

《机电 BIM 正向设计实战》一书正是从这三个方面为机电专业工程人员提供了全新的思路，为企业的数字化转型铺平道路。本书从项目实践出发，介绍了使用 Revit 工具软件定制符合机电专业设计的样板流程，通过技巧分享、问题剖析和流程重塑详述了从构件级到项目级的 BIM 机电正向设计经验。同时结合中建西南院的设计协同和设校审流程，分享了基于 BIM 的专业校审优点和技巧、正向设计管控要点、协同组织方式等宝贵经验，是一本指导机电专业设计师从 CAD 二维设计向 BIM 三维设计转型的好书！感谢编者们十年来在国内 BIM 技术推广第一线付出的努力和汗水，致敬他们为本书付出的心血！十年磨剑，倾囊相授，希望读者能在阅读本书的过程中收获金玉，共同为机电设计的数字化变革贡献一份力量。

欧特克软件公司大中华区技术总监　罗海涛

2022 年 7 月

前　言

建筑设计行业经过多年的发展，传统设计方式在效率、质量提升上已经遭遇瓶颈，亟需改革与创新。通过多年的 BIM 机电设计实践和研究，我们认为 BIM 技术是解决上述难题的必由之路。

然而，我们也应该认识到，BIM 技术的落地仍然有许多问题需要解决。区别于由手绘至 CAD 电脑辅助制图的"甩图板"，BIM 并不只是换一个工具，首先，它对传统设计工作方式提出了挑战，BIM 设计需要整个团队协同工作，对团队的整体素质提出了更高的要求；其次，BIM 技术尚处于起步阶段，各方面条件均不成熟，需要设计团队、设计企业、设计行业共同努力，逐步完善 BIM 技术的基础建设，有效发挥 BIM 技术的潜力，提高团队、企业以及整个行业的质量和效率，实施建筑行业自运用 CAD 技术以后的又一轮创新。

BIM 技术需要适当的工具或工具组合，各企业应根据业务需求进行选择。本书介绍了以 Revit 为主线的机电专业 BIM 正向设计方法，涵盖了设计的不同阶段，设计、校审等不同角色采用 Revit 工作的一些技巧和方法，可供以 Revit 软件为工具的设计企业和设计人员参考。

本书共分 7 章，主要内容如下：

第 1 章对机电正向设计整体进行了概述，重点介绍了 Autodesk Revit 软件的相关界面。

第 2 章对关乎机电正向设计的重要概念如族、样板等进行了阐述，详述了正向设计相关的设置。

第 3 章为本书的主体内容。首先，从协同和策划的角度出发，介绍了 Revit 软件协同机制的基本概念，以及进入专业设计之前的协同策划要点；其次，分别介绍了三个机电专业（给水排水、电气、暖通空调）的正向设计操作办法，囊括设置、建模、协同提资等设计的方方面面，手把手地展示操作全流程。

第 4 章为设计完成后正向设计制图的共性操作部分。

第 5 章为管道综合设计，管道综合是 BIM 技术的重要应用之一，与机电正向设计息息相关。本章从机电正向设计的角度出发，详述了管道综合、空间管理的操作办法。

第 6 章为 BIM 模型校审。区别于常规二维图纸校审，有了正向设计模型，可以利用它进行更精细化和多样化的校审。本章重点介绍了正向设计机电专业的模型校审方式。

第 7 章对机电正向设计中的常见操作问题进行了汇总。

附录罗列了机电正向设计中的常用操作快捷键。

本书编委会成员均为中国建筑西南设计研究院有限公司从事一线机电专业 BIM 设计的工程师，具有丰富的机电专业设计经验和 Revit 软件设计建模、BIM 资源库建设、二次开发及自主研发的经验。本书提供的案例均来自 BIM 正向设计的实际项目，力求解决工程实践中的实际问题。

　　希望本书能对机电设计从业人员迈入 BIM 大门提供帮助，也能唤起 BIM 设计人员的信心，让我们共同努力，夯实 BIM 基础，通过不断的研究和实践，逐步完善 BIM 这条高效信息通道的生态链建设。

　　然而，BIM 技术日新月异，加之时间有限，难免有疏漏之处，欢迎读者发送邮件至 2841220323@qq.com，与作者讨论交流，共同为我国建筑行业数字化转型尽绵薄之力。

目　　录

1.1　机电正向设计概述

当前，民用建筑设计行业正在面临由二维设计全面转型为三维数字化设计的挑战。在国内的建筑设计领域，BIM 设计应用的常见方式，是先按照传统的 CAD 技术和表达方法完成二维施工图，再根据施工图建立三维模型，通过三维模型检查原设计并进行三维展示和 BIM 技术应用，俗称"翻模"。在 BIM 发展的初期，机电专业多采用"翻模"手段介入设计。

这种看似流行的 BIM 设计应用方式其实有违 BIM 的初衷，是 BIM 设计在初级阶段的一种"变通"应用。BIM 设计的核心之一是在三维环境里协同设计，各专业在同一个或链接的若干个三维设计模型中充分利用三维模型的几何信息和数据进行协同配合设计，利用完整准确的模型优势和真实的设计数据生成所需要的图纸，进而全面提取信息加工应用，并向深化设计、施工、运维阶段传递。因此，BIM 设计可从整体上提高建筑业的信息化水平，向智慧设计和智慧建造发展。

为了避免与"翻模"或"BIM 咨询"等概念混淆，业内将基于 BIM 的多专业协同设计简称为"正向设计"。它是引入 BIM 技术后，对其本土化改造和落地应用过程中出现的具有我国特色的定义，表述通俗易懂，在现阶段我国的 BIM 设计应用中有着重要的符号意义。机电专业的 BIM 正向设计通过三维模型与其他专业配合，用三维模型直接出图，保证了图纸和模型的一致性，这一流程支撑可持续设计，强化设计协同，减少因"错、漏、碰、缺"导致的设计变更，促进了设计效率和设计质量的提升。

机电专业正向设计的发展主要有如下几个方面：

（1）机电专业内以及与建筑专业、结构等专业间根据各自需求进行数据信息的双向关联传递，传递过程中保证信息的一致性和完整性。例如，可将给水排水、暖通专业的设备电量信息传递给电气专业，并将开洞需求信息直接传递给结构专业。

（2）机电专业内部可根据模型信息，自动生成系统图等与模型表达一致的图纸。

（3）机电专业可利用建筑信息模型进行性能化分析模拟，优化项目设计质量。

（4）基于规范库、编码库和模型库等，利用自然语言处理技术构建知识图谱，建立规则，辅助决策和审查，向智能设计和智能审查发展。

（5）BIM 模型数据信息有效地向施工阶段、运维阶段传递，实现一模多用、一模到底，实现从方案设计—初步设计—施工图设计—施工 4D 管理—造价 5D 管理—施工模拟分析—运营维护的全生命周期和全产业链的高度融合，最大限度地发挥 BIM 技术的实际应用价值。

当然，受限于当前软件技术水平、配套管理制度匹配性不足等问题，当前机电正向设计在上述方向的实现程度不一。本书更多地着眼于当前可落地的相关 BIM 应用实践，同时对未来方向进行了探索与展望。

1.2　机电 BIM 软件概述

美国、英国等发达国家都在大力发展 BIM 技术，目前建筑行业常用的 BIM 软件（如 Autodesk 公司的 Revit，Bentley 公司的系列 BIM 软件、ArchiCAD、CATIA 等）在世界范围内是较为常用的 BIM 软件产品，对应的软件开发商掌握着行业 BIM 软件话语权，但其缺乏针对中国的本土化应用改进。

在上述背景下，国内以北京构力科技有限公司、广联达科技股份有限公司为代表的软件公司从底层图形引擎和底层图形平台开始，初步研发完成了国产 BIM 设计软件。中国建筑设计研究院以 BIM 设计研究中心联合紫光集团，成立了中设数字技术股份有限公司，于 2021 年推出了针对建筑学专业的拥有自主知识产权的 BIM 设计平台 XCUBE 马良软件。中国电建华东院以 BIM 正向设计软件研发为起点，通过持续的投入和研发逐步实现了业务数字化，并开拓了数字化业务，搭建了以 BIM 技术为核心的基础数字技术平台，形成了支撑服务工程建管运的大数据平台。

国内常用的机电 BIM 设计产品有天正、鸿业、博超等。天正与鸿业为基于 Revit 的二次开发，能够解决部分本土化的需求。博超软件则多用于水电及工业行业，与民建的区分度较大。国内软件具有良好的前景，但是与国外软件多年建立起来的生态圈和长期多项目的实践应用相比，还需要有一段发展完善的时期。

Revit 是当前民用建筑 BIM 市场占有率最高的软件，迄今为止，Revit 已在 BIM 软件应用领域走过了 20 多年，最新的 2024 版也面世了。因此，本书主要讲述基于 Revit 软件的机电正向设计流程，可为未来国产 BIM 软件在正向设计应用方面总结经验。

相对于二维设计来说，基于 Revit 的正向设计有几个显著的优势：

（1）强大的联动功能：平面、立面、剖面、明细表动态关联，一处修改，处处更新，自动避免传统 CAD 绘图环境下易犯的"错漏碰缺"低级错误。

（2）在 Autodesk 公司强大的运营能力下，Revit 构建了良好的软件生态圈。众多第三方厂家（橄榄山、红瓦、广联达等）在 Revit 上进行了二次开发或者提供了相应的数据对接功能，极大地提高了 Revit 的使用效率和运用广度。

（3）Revit 可以自定义构件的各种额外属性，并导出三维信息、属性信息，为项目概预算、过控、结算提供资料，资料的准确程度同建模的精确程度成正比。

虽然优势较多，但是 Revit 本身仍然有着较大的优化空间，目前最迫切的任务就是图形处理速度的优化，以解决较大项目模型卡顿的问题。

软件作为工具具有提高生产力的重要作用。工欲善其事，必先利其器：在当前的国际形势下，我们看到国产自主工业软件的重要性，Autodesk、Bentley、Dassault 三大厂商软件推出的 BIM 软件有值得我们学习的地方，我们期望国产软件商能够早日推出拥有自主产权、真正好用的 BIM 基础平台软件。

1.3　用户界面介绍

Revit 软件界面由功能区、绘制工作区、视图控制栏和浮动面板组成，常见的浮动面板有项目浏览器和属性选项板，如图 1.3-1 所示。

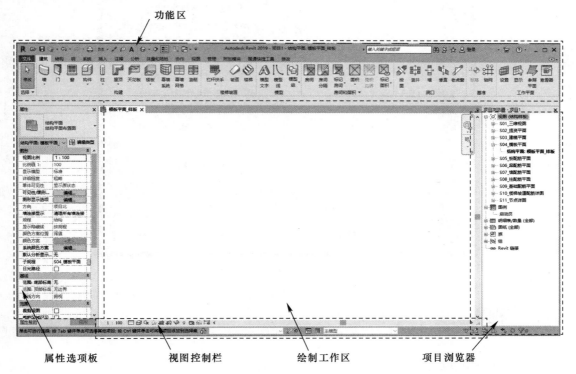

图 1.3-1　Revit 图形默认界面

各部分主要功能如下：

功能区：Revit 软件无命令行，所有功能都通过功能区提供；

绘制工作区：用于展示和编辑 BIM 模型和族文件；

视图控制栏：用于控制绘制工作区，包括视图比例、模型精细程度及工作集等；

项目浏览器：通过树状目录，显示 BIM 模型中的视图、图纸、族等各类组成；

属性选项板：用于显示当前选中对象的详细属性。

1.4　快捷键设置

在 Revit 中，点击菜单栏中"视图"➤"窗口"➤"用户界面"➤"快捷键"，设置快捷键（图 1.4-1），具体方法是：双击选中某个命令，在"按新键"文字框中输入自定义快捷键，单击"指定"即可添加或覆盖对象命令的快捷键。

机电正向设计中常用的功能、默认或推荐的快捷键参见附录。

图 1.4-1　Revit 快捷键设置界面

1.5　视图

1.5.1　视图的概念

视图是 Revit 软件用于展示各种模型信息的基本界面，是将模型组装为图纸的核心对象，包含平面视图、剖面视图、三维视图、立面视图等。

如果把 Revit 模型理解为一个三维信息化模型的数据库，那么视图就是用不同的视角和方法描述这个信息化模型。视图中的平面视图、剖面视图、三维视图、立面视图与模型关联，视图形成方式采用画法几何。绘图视图是类似于 CAD 的方式，直接用直线、文字等与模型无关的数据表达图纸内容。

视图可以通过 Revit 菜单中"视图"➤"创建"中对应的视图按钮新建，如图 1.5-1

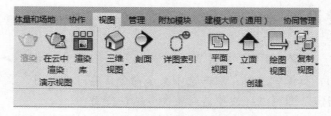

图 1.5-1　Revit 视图的创建面板

所示。其中，在设计过程中，最常用的是平面视图，平面视图的形成原理与二维 CAD 设计中绘制平面布置图的方法类似，即在一个指定的标高进行剖切，形成剖切线，然后向下投影，形成看线，由此构成了指定标高对应楼层的平面布置图。

在 CAD 设计中，这个过程通常由人工绘制而成，而在 Revit 软件中，这个过程由软件自动完成。因此 BIM 软件从数据上保证了二维的图纸与模型的一致性，在不同视图中的修改本质上都是在修改同一个三维模型。

1.5.2　视图范围

视图范围是 Revit 软件用三维模型生成平面视图的必要参数，是控制对象在视图中的可见性和外观的水平平面集。每个平面图都具有视图范围属性，该属性也称为可见范围。定义视图范围的水平平面为"俯视图""剖切面"和"仰视图"。

顶剪裁平面和底剪裁平面表示视图范围的最顶部和最底部的部分。

剖切面是一个平面，用于确定特定图元在视图中显示为剖面时的高度。

这三个平面可以定义视图范围的主要范围。

视图深度是主要范围之外的附加平面。更改视图深度，以显示底裁剪平面下的图元。默认情况下，视图深度与底剪裁平面重合。

如图 1.5-2 和图 1.5-3[1] 所示，上图所示立面显示平面视图的⑦视图范围：①顶部、②剖切面、③底部、④偏移（从底部）、⑤主要范围、⑥视图深度；下图平面视图显示了此视图范围的结果。

为了控制视图中墙、柱、风管、风机、桥架、水管等各类构件，以粗线、细线、虚线等不同的显示样式准确显示，在 Revit 中视图范围被详细定义为主要范围上、剖切面、主要范围下和视图深度四个部分。

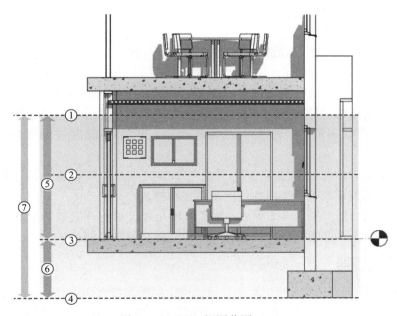

图 1.5-2　Revit 视图范围（一）

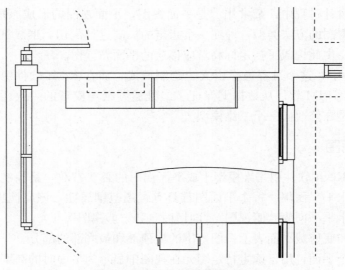

图 1.5-3　Revit 视图范围（二）

1.6　过滤器

Revit 软件自带的过滤器分为两种：一种是视图过滤器；另一种是选择过滤器。

1.6.1　视图过滤器

基于类别或基于一组选定图元和参数值创建视图过滤器。将这些过滤器应用到视图，以更改图元的可见性或图形显示。如果对于视图中元素图形显示，对象样式作为全局级（第一级）控制，视图样板作为视图级（第二级）控制，那么视图过滤器则可视作族类别级或选择级（第三级）控制。

"过滤器"可以根据特定参数值对各类模型进行过滤，以进一步控制其显示方式，作为"模型类别"显示控制的补充。

左侧可基于族类别或选择集合创建、命名过滤器。针对基于族类别的过滤器，需在中部选择此过滤器适用过滤的族类别，右侧则设定此族类别相应参数过滤规则；针对选择集合过滤器，可跨族类别适用，故无需指定族类别，也无需设定过滤规则，如图 1.6-1所示。

设定好过滤器后，在"可见性/图形替换"下"过滤器"页添加所需过滤器，即可控制过滤器所涉及族类别或选择集内构件的图形显示样式。

其中，视图过滤器如图 1.6-2 所示，主要作用是通过对构件参数的过滤，按用户需求建立特殊构件的集合，并对集合内的构件显示样式进行单独控制。

1.6.2　选择过滤器

选择过滤器用于对象选择，可以对用户框选选中的图元按类别进行分类筛选，如图 1.6-3所示。例如，将选择过滤器列出的类别分类中"墙"前面的√去掉，那么类别为墙的图元将从选择集中被清除。

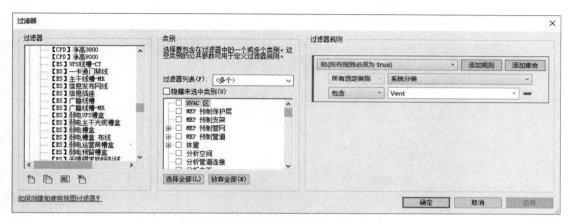

图 1.6-1　基于族类别的过滤器设置界面

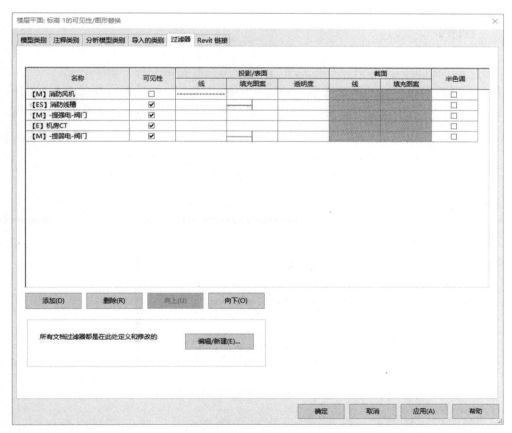

图 1.6-2　视图过滤器示例

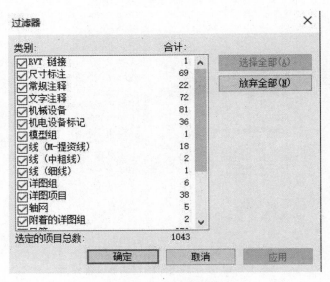

图 1.6-3　选择过滤器示例

1.7　图例

用 Revit 出机电的图纸时，有些必要的 CAD 图例需要集中在一张图纸上。

各专业样板内可根据项目的需求，通过在图例中导入一些项目需要的 CAD 图样，单击"视图"选项卡▶"创建"面板▶"图例"下拉列表▶▣（图例），如图 1.7-1 所示。

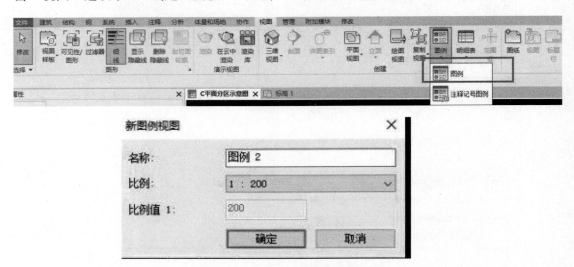

图 1.7-1　图例的选择及新视图设置界面

在"新图例视图"对话框中，输入图例视图的名称，然后选择视图比例，单击"OK"，此时图例视图会打开，并添加到项目浏览器列表中。

个别项目图框区域所用的平面分区，如图 1.7-2 所示。

图例视图特定于每个项目，因此无法从一个项目传递到另一个项目。

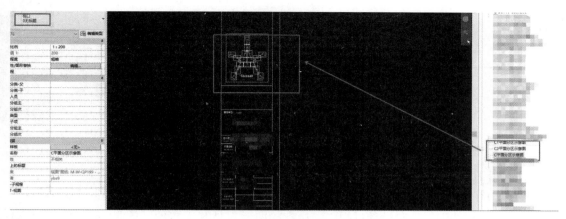

图 1.7-2　图例的应用实例

1.8　明细表

Revit 中明细表可以即时、多维度地统计项目内的构件数量、构件材质、构件几何和非几何属性参数数值等。

机电专业较常用的明细表（如设备统计表等）可预置在样板中。设计人员可结合需求和参数对各种明细表进行调整，以适应项目的需求。

点击菜单中"视图"➤"明细表"➤"明细表/数量"，在弹出的【新建明细表】对话框中选择需要创建某类图元的类别，如图 1.8-1 所示。

图 1.8-1　明细表的选择及设置界面

作为成果，明细表可用于设备表等图纸中，即时准确地统计各类构件和展示其属性信息。

第 2 章

数字资源准备 2

2.1 机电族

用 Revit 软件进行正向设计过程中，所有的图元都是基于族的。族是一个包含参数和相关图形表示的图元组。族中的每一类型都具有相关的图形表示和一组相同的参数，称作族类型参数。常用的族大致可以分为三类：系统族、内建族和可载入族。[2] 以下分别介绍。

2.1.1 系统族

系统族是 Revit 中预设的族，仅能通过 Revit 软件提供的默认参数进行自定义修改。系统族无法像可载入族一样独立于项目或样板之外的其他位置（另存成为 .rfa 格式文件），因此系统族类型在项目或样板之间的传递往往通过复制、粘贴和传递，而不可以"另存为"和"载入"。

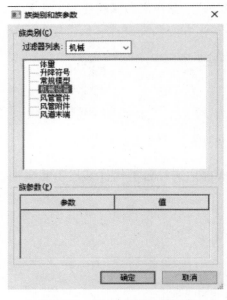

图 2.1-1 Revit 软件中内建族
族类别及族参数

2.1.2 内建族

内建族是在项目中创建的自定义图元，当项目中存在不需要重复使用的特殊几何图形时，可以采用内建族。内建族的几何定义能力强大，可以适应各种异形的不规则构件，但是参数化能力较差。大量使用内建族会显著增加文件大小，并使软件性能降低。

内建族往往是造型较为独特或通过系统族或可载入族难以实现的模型构件。其造型自由度更高，也不可另存为文件，独立于项目或样板存在。

创建内建族的时候需要选择其所属族类别，还需要为内建族单独命名。族类别的选择和命名的规范决定了此内建族的归属和后期的检索便利性，如图 2.1-1 所示。

2.1.3 可载入族

可载入族是族的一种，独立于项目或样板存在，可另存为独立的族文件，项目或样板也可以通过载入添加新的可载入族。由于可载入族对应的图元具有高度可自定义的特征，因此是用户在 Revit 中最常创建和修改的族。

可载入族在项目或样板以外使用族样板单独编辑后被载入项目或样板的 .rfa 格式文

件，具有比系统族更高度的可自定义特性。可载入族从项目或样板文件中增减，因此可以在项目或样板之间进行传递；通过复制粘贴，也可以"另存为"和"载入"，因此可载入族是设计人员在 Revit 中最常创建和修改的族。

在创建可载入族之前，需要选择合适的族样板。选择不同的族样板，会生成不同特性的族。

机电专业常用的族样板为"公制常规模型"和"基于面的公制常规模型"。

族类别是以构件性质为基础，对模型进行归类的一组。暖通空调专业族常用类别为"机械设备""风管管件""风管附件""风道末端"等；电气专业族常用类别为"变配电设备及箱柜""照明灯具""插座""开关""火灾自动报警"等；给水排水专业常用类别为"管道阀门""管道附件""机械设备"等。

2.1.4 机电族库建设及族创建示例

鉴于机电专业在正向设计过程中，对族有迫切的需求，设计单位宜在企业层面上进行族库建设。族库建设是一项长期持续性的举措，本节将简单介绍若干机电族库建设的要点，供需要的企业、团队参考。

1. 分类框架

在族库建设之前，有必要搭建整体的族库建设框架。

机电族库分类一方面需基于 Revit 软件平台族类别的底层逻辑，符合软件的交互要求；另一方面需基于机电系统分类，符合机电设计逻辑要求。建立好分类框架后，即可展开族的收集、制作以及整理工作。机电族库分类及清单可参照表 2.1-1。

2. 信息标准

在建族、收集族之前，应统一各族的相关信息标准。

具体而言，机电族包括二维图例和三维实体，有以下标准要求：

机电专业族分类及清单   表 2.1-1

给水排水	1. 管道系统	1.1 市政给水
		1.2 加压给水
		1.3 污水
		1.4 废水
		1.5 雨水
		1.6 空调冷凝水
		1.7 消火栓
		1.8 自动喷水灭火
	2. 管道类型	2.1 薄壁不锈钢管
		2.2 钢塑复合管
		2.3 硬聚氯乙烯塑料排水管
		2.4 聚丙烯静音排水管
		2.5 内外热镀锌钢管
电缆桥架及配件	1. 电气	1.1 高压电缆槽盒
		1.2 低压电缆槽盒
		1.3 消防电缆槽盒

续表

电缆桥架及配件	1. 电气	1.4 电缆梯架
		1.5 照明线槽
		1.6 火警线槽
		1.7 消防广播线槽
		1.8 配电母线槽
		1.9 耐火母线槽
		1.10 线管
	2. 弱电	2.1 综合布线桥架
		2.2 弱电桥架
		2.3 广播桥架
		2.4 电源桥架
暖通空调	1. 风管系统	1.1 前室加压
		1.2 厨房排风
		1.3 排风兼排烟
		1.4 楼梯间加压
		1.5 消防排烟
		1.6 消防补风
		1.7 空调回风
		1.8 空调新风
		1.9 空调送风
		1.10 通风送风
		1.11 通风排风
	2. 管道系统	2.1 冷媒系统
		2.2 空调冷冻水供水
		2.3 空调冷冻水回水
		2.4 空调冷却水供水
		2.5 空调冷却水回水
		2.6 空调冷凝水

（1）二维图例（几何参数——2D）：应满足相关国标、院标图例要求。

（2）三维实体（几何参数——3D）：应满足实体模型的展示性，能对三维实体进行参数化驱动，以适应不同参数条件。

（3）非几何参数符合以下要求：

① 符合 BIM 设计计算需求，如电压等级、电流、功率、功率因数、需要系数、光源光通量、风机风量、风机功率、设备系统编号等。

② 符合 BIM 设计协同需求，应当创建机电族文件的必要属性并赋值，以协助开展项目参与方的 BIM 协同工作。如机械设备提结构的设备荷载、弱电提强电的设备用电量等。

③ 在设计阶段，机电族应尽量精简，不宜在族上过多地赋予信息，避免载入后文件过大或信息繁杂，设置信息输入及输出接口即可，方便后续单位对族进行信息的完善和利用。

3. 基础设置

机电族库字体统一采用制作族时设置的字体，若采用非 Windows 常用字体，则首次使用需要安装（注：Revit 不自带任何字体）。

如不特别指定材质，软件将使用其类别的默认材质（如不特别设置，多为灰色普通质感材质，图形表面、剖切面均无填充）；如需对模型构件和构件任何部分设置不同的渲染质感，图形表面或剖切面填充，则需要使用材质浏览器设置材质。

设置材质需在项目样板中进行，机电族中仅调整材质名称，同类族材质名称尽量一致。

4. 族获取

在族库建设过程中，可充分参考和利用市面上公开获取的族，避免所有族均从零建起。较常用的族库资源有广联达构件坞和红瓦族库大师。此外，机电生产厂家陆续推出了各自的产品族库；设计过程中可以获取厂家制作完备的族文件，提高设计效率。

例如，美的公司将水机等所有标准产品进行统一 BIM 建模。现已有 133 个 BIM 族并成功发布，模型涵盖磁悬浮离心机、变频水冷螺杆、变频风冷螺杆等十大产品系列。用户可访问其网站直接进行模型浏览，产品参数及产品外形更为直观。

此外，还可以访问广联达构件坞官网或插件中的美的楼宇科技品牌，获取更多美的楼宇科技产品 BIM 模型（图 2.1-2）。

图 2.1-2　构件坞中美的部分产品族

需要注意的是，如第三方族库里的族不符合企业族库的标准，处理后达标方能采用。

5. 族创建

除现有获取的族库外，各设计企业难免需自行制作符合自身需求的族。本节以各机电专业典型族的建立过程为例，为完善自建族库的操作提供参考。

• 给水排水

在给水排水专业中，经常标注水管，需要创建一个管道标记族（图 2.1-3），对管道进行快速标记。

（1）首先要新建一个标记族，打开族样板中的"公制常规标记"，创建管道标记：

（2）创建标记族类别（图 2.1-4），选择管道标记，勾选随构件旋转：

（3）单击创建选项卡中的"标签"命令，在视图中添加标签（图 2.1-5）：

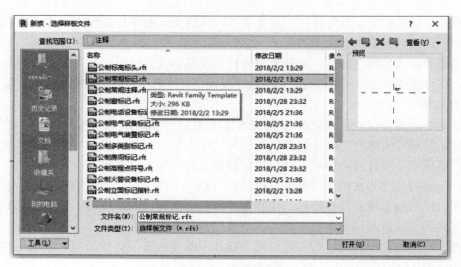

图 2.1-3 新建标记族

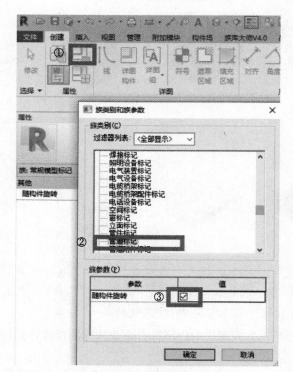

图 2.1-4 创建族类别

图 2.1-5 添加标签

（4）点击绘图框。弹出界面如图 2.1-6 所示，通常情况下，用立管属性中的"注释"对立管进行标记，在编辑标签时，需要添加标签参数为"注释"，单击确定。

（5）选中标签，按住拖动，或用方向键调整标签位置，并参照图 2.1-7 或自行调整标签文字。

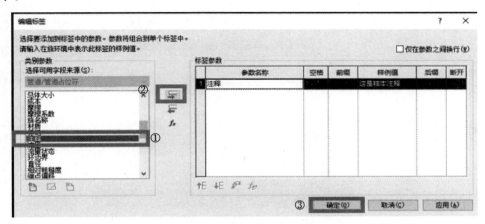

图 2.1-6　添加"注释"标签

图 2.1-7　调整标签文字

15

（6）完成确定后保存族为管道标注（图 2.1-8）。

图 2.1-8　保存标注族

（7）打开项目，载入我们刚创建好的管道标记族（图 2.1-9），就可以对管道进行标记了。

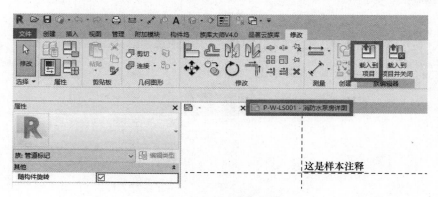

图 2.1-9　载入标注族

注意：载入前需要将族样板内已有的红色文字删除。

如果在设计过程中为立管添加了注释，就可以直接标记；如果没有添加任何参数，则会出现"？"，选中管道标记，点击"？"，即可直接输入想添加的注释信息。

使用过程中如果需要调整注释内容，选中标记，单击内容即可调整注释信息（图 2.1-10）

（需要注意的是，注释为实例参数，修改后仅能修改这一个实例的注释，若标记的是类型参数，则会调整该类型所有实例的该项参数）。

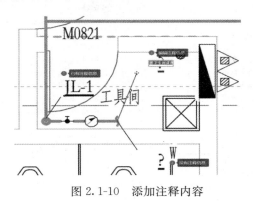

图 2.1-10　添加注释内容

其他类别的标记族可参照此法制作。

- 电气

本示例以创建单管荧光灯族为例，非照明设备族不需要设置光源参数，其余方法类同。

在开始创建族之前，需要选择合适的族样板。族样板类似于项目样板，是族的样板文件，不同的族样板带有不同类型的族参数，选择合适的族样板是制作族的基础。

电气专业常用的族样板主要包括但不限于：公制电气设备、公制电气装置、公制电话设备、公制火警设备，公制照明设备、公制线型照明设备、基于天花板的公制照明设备、基于墙的公制照明设备等，以及通用型族样板：公制常规模型等。这些族样板是软件自带的，在菜单栏"文件"➤"选项"➤"文件位置"中可以查找路径。

荧光灯光源

考虑到"单管荧光灯"的特性，这里选用"公制线型照明设备"族样板进行 T5 荧光灯光源的创建工作，步骤如下：

（1）运行 Revit；新建族文件：单击 Revit 界面左上角的"应用程序菜单"➤"新建"➤"族"，如图 2.1-11 所示。

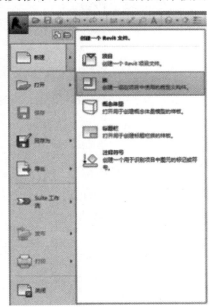

图 2.1-11　新建"族"菜单示例

（2）选择族样板文件：弹出"新族-选择样板文件"对话框，如图 2.1-12 所示。

（3）打开族文件：选择"公制线型照明设备.rft"，并单击打开。进入族编辑器界面后，选中"公制线型照明设备"光源，默认光源属性，如图 2.1-13 所示，"项目浏览器"显示当前视图为"楼层平面"➤"参照标高"，平面视图中轮廓为默认光源（图 2.1-14）。

图 2.1-12 "新族-选择样板文件"对话框

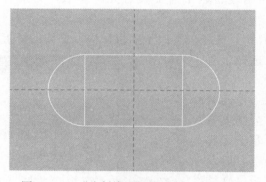

图 2.1-13 "公制线型照明设备"平面视图

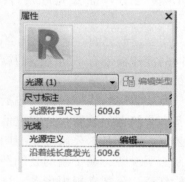

图 2.1-14 "公制线型照明设备"默认光源属性

（4）锁定光源位置：在"项目浏览器"中展开"前"视图，单击功能区中的"修改"➤"对齐"命令，在绘图区中单击"参照标高""光源标高"和绘图区中的"小锁"，变为锁定，如图 2.1-15 所示。

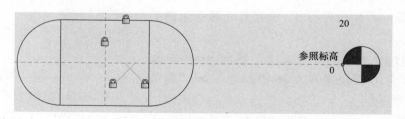

图 2.1-15 锁定光源位置

（5）设置光源族类型参数：单击功能区中的"创建"➤"族类型"命令，在"族类型"话框中将"初始亮度"值设为 2800lm，"初始颜色"值设为 4000K，"瓦特备注"值设为 28W，单击"确定"按钮。如图 2.1-16 所示。

图 2.1-16　设置光源族类型参数

【提示】查产品样本，T5 荧光灯管参数：亮度 2800lm，色温 4000K，灯管功率 28W。

（6）调整光源光线分布：在"项目浏览器"中打开"三维视图"，选中绘图区中的光源，在"属性"面板中单击"光源定义"的"编辑"按钮，在弹出的"光源定义"对话框中单击"光线分布"的"半球形"按钮，再单击"确定"按钮，如图 2.1-17 所示。

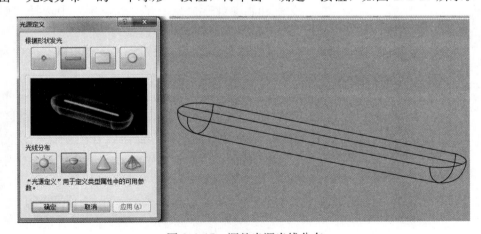

图 2.1-17　调整光源光线分布

【提示】在"光源定义"对话框中可以定义光源的发光形状和光线分布，这里的灯具为长管荧光灯，所以采用这种方式。

（7）保存文件，命名为"T5 荧光灯光源"，完成光源族文件的创建。

【提示】通过嵌套族的方式，载入光源族就可以创建双管及多管荧光灯具族。

创建灯具族

（1）新建族文件：单击 Revit 界面左上角的"应用程序菜单"➤"新建"➤"族"，选择"公制常规模型 . rft"族样板，如图 2.1-18 所示。

图 2.1-18 新建族文件

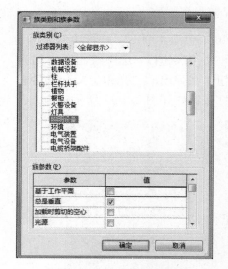

图 2.1-19 设置族类别

（2）设置族类别和族参数：电气专业常用的族类别主要包括但不限于：电气设备、照明设备、灯具、电气装置、火警设备、通信设备、安全设备、护理呼叫设备、数据设备、电话设备，通过族样板创建的族应首先设置族类别，单击功能区中的"创建"➤"族类别和族参数"命令，在"族类别"中选择"照明设备"，如图 2.1-19 所示。

【提示】族类别的设置将关系到项目文件中对族的调用和管理。

（3）绘制参照平面：打开"项目浏览器"➤"楼层平面"➤"参照标高"视图，单击功能区中的"创建"➤"参照平面"命令，在绘图区中绘制需要的参照平面，并为参照平面添加尺寸标注并锁定，如图 2.1-20 所示。

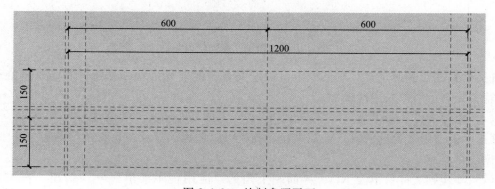

图 2.1-20 绘制参照平面

（4）创建灯具模型：单击功能区中的"创建"➤"拉伸"命令，选择"矩形"，在绘图区沿参照平面绘制一个矩形并锁定，单击功能区中的"创建"➤"空心形状"➤"空心拉伸"命令，选择"矩形"，在绘图区沿参照平面绘制矩形内侧边框，对齐锁定，如图 2.1-21 所示。

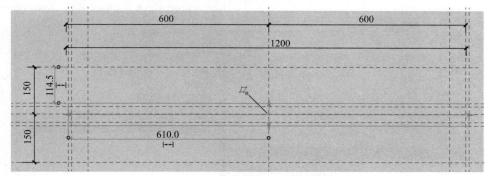

图 2.1-21　创建灯具模型

（5）创建灯管模型：单击"项目浏览器"➤"立面"➤"左"，打开左视图，单击功能区中的"创建"➤"拉伸"命令，选择"圆形"，在绘图区绘制直径为 16mm 的圆形，并与参照平面对齐并锁定，如图 2.1-22 所示，切换至"参照标高"视图中，将灯管左右边界与边框内壁对齐并锁定。

（6）载入光源嵌套族：单击功能区中的"插入"➤"载入族"命令，载入之前创建好的"光源.rfa"族文件，载入后可以在"项目浏览器"中查看，如图 2.1-23 所示。

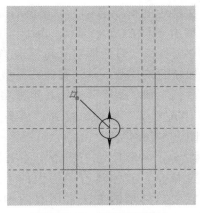

图 2.1-22　创建灯管模型

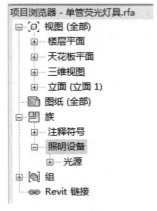

图 2.1-23　载入光源嵌套族

（7）关联灯具与光源数据：在"项目浏览器"中选中光源，单击鼠标右键，在下拉菜单中单击"类型属性"命令，在"类型属性"对话框中点击"沿着线长度发光"最右侧按钮，进入"关联族参数"对话框将光源拖动至绘图区，并与参照平面对齐并锁定，如图 2.1-24 所示。

（8）创建电气连接点：单击功能区中的"创建"➤"电气连接点"命令，选择"电气连接点"，在绘图区拾取灯具上面为放置面，对齐锁定，完成电气连接点的设置，如图 2.1-25 所示。

（9）设置族类型和参数

新建族类型："族类型"是在项目中用户可以看到的族的类型，类型名称对应用户

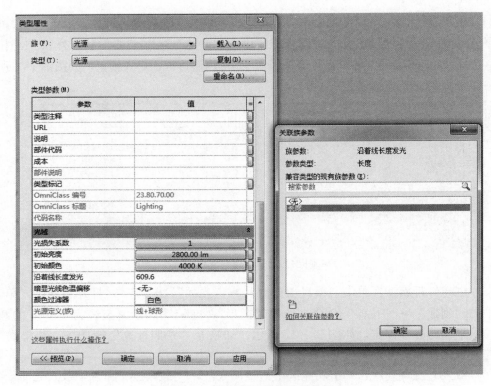

图 2.1-24　关联灯具与光源数据

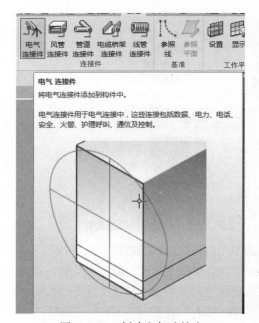

图 2.1-25　创建电气连接点

在项目文件中的类型名称。一个族有多个类型，每个类型有不同的尺寸形状，并且可以分别调用。在"族类型"对话框右上角单击"新建"按钮以添加新的族类型，对已有的族类型还可以进行"重命名"和"删除"操作。单击功能区"创建" ➤ "族类型"按钮，打开"族类型"对话框，如图 2.1-26 所示。

添加参数：参数对于族十分重要，正是有参数传递信息，族才具有了强大的生命力。添加电气族参数类型的方法常用有两种：族参数（图 2.1-27）、共享参数（图 2.1-28）。族参数方法的优势在于操作简便，共享参数方法的优势在于同一参数可以多次使用。

根据族标准，照明设备族参数应包括灯具长度、安装高度、外观材质、二维图例、电压等级、功率、光源光通量、光源色温等。

至此，完成"单管荧光灯"照明设备族的创建。

- 暖通

本示例为创建暖通空调专业设计中常用的柜式离心风机族。

在开始创建族之前，需要选择合适的族样
板。选择不用的族样板，会生成不同特性的
族。考虑到"柜式离心风机"的特性，这里选
用"公制常规模型"进行族的创建工作，步骤
如下：

图 2.1-26　"族类型"对话框

族样板文件

（1）运行 Revit；单击 Revit 界面左上角的"应用程序菜单"➤"新建"➤"族"
（图 2.1-29）。

图 2.1-27　"族类型"对话框

图 2.1-28　"编辑共享参数"对话框

图 2.1-29　新建"族"菜单

（2）弹出"新族-选择样板文件"对话框（图 2.1-30）。

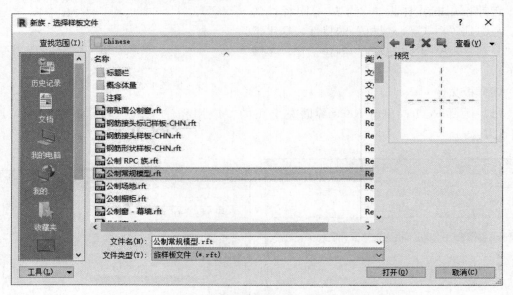

图 2.1-30 "新族-选择样板文件"对话框

（3）选择"公制常规模型.rft"并单击打开。进入族编辑器界面后，在"项目浏览器"中选择"楼层平面"➤"参照标高"（图 2.1-31），可进入对应平面（图 2.1-32）。

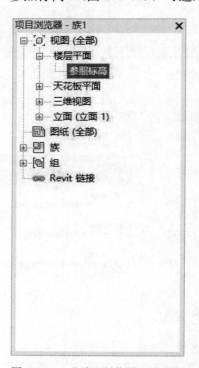

图 2.1-31 "项目浏览器"选项板

（4）在"参照标高"视图里画参照平面，并添加标注（图 2.1-33）。

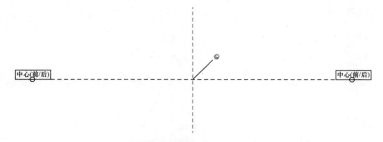

图 2.1-32　"公制常规模型"平面视图"参照平面"

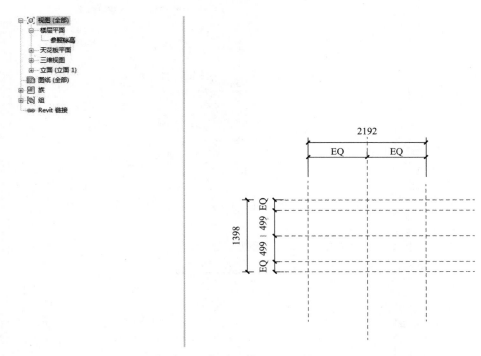

图 2.1-33　"参照平面"及标注

族类别和族参数

（1）选中需要添加参数的尺寸标注，点击选项栏中的"标签"命令，弹出"参数属性"对话框（图 2.1-34）。

同理，在"前立面"视图中画参照平面并加参数。

（2）用"拉伸"命令制作风机箱主体，拉伸的长方体必须与其对应的长×宽×高的参照平面进行锁定，如图 2.1-35 所示。

同理，风口和基础的制作继续用拉伸命令，在相应视图平面绘制风口和基础，并进行锁定。

创建完成后，三维模型如图 2.1-36 所示。

（3）点击"连接件"面板中的"风管连接件"命令，对此风口添加连接件，如图 2.1-37 所示。

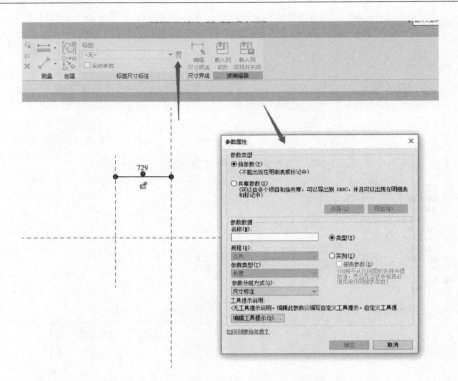

图 2.1-34　添加标签

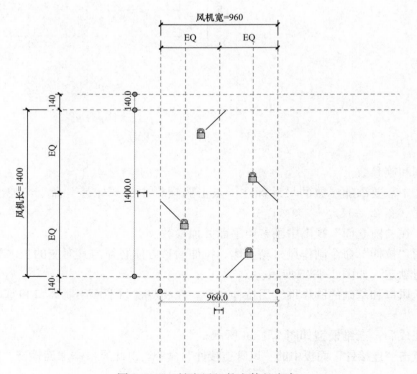

图 2.1-35　锁定风机箱主体长宽高

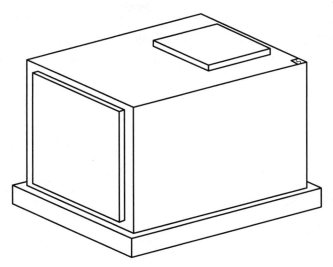

图 2.1-36　风机主体拉伸模型

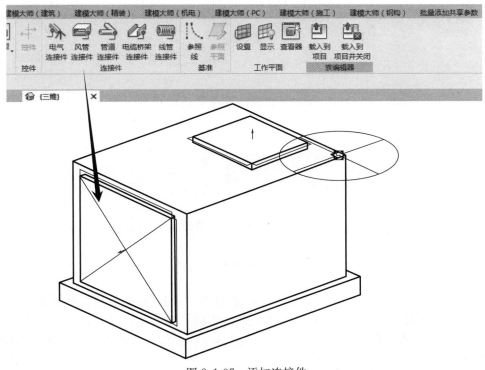

图 2.1-37　添加连接件

（4）选中添加的"风管连接件"，在"属性"面板中点击如图 2.1-38 所示按钮，分别将宽度和高度与已创建的参数"风口宽""风口长"关联。

（5）这样一来，连接件就可以随着风口的变化而变化。另一个风口的制作方式与这个风口相同。

设置族类型和参数

（1）新建族类型："族类型"是在项目中用户可以看到的族的类型，类型名称对应用户在项目文件中的类型名称。一个族有多个类型，每个类型有不同的尺寸形状，并且可以分别调用。在"族类型"对话框右上角单击"新建"按钮以添加新的族类型，对已有的族类型还可以进行"重命名"和"删除"操作。单击功能区"创建" ➤ "族类型"按钮，打开"族类型"对话框，如图 2.1-39 所示。

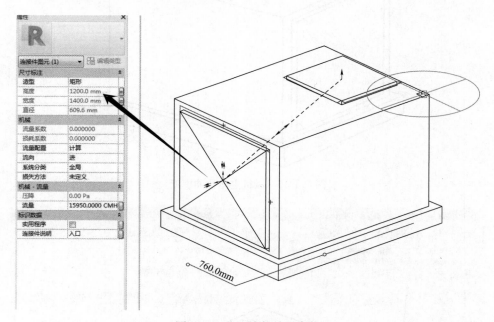

图 2.1-38　连接件关联参数

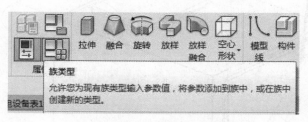

图 2.1-39　"族类型"对话框

（2）添加参数：参数对于族十分重要，正是有了参数传递信息，族才具有了强大的生命力。添加暖通族参数类型的常用方法有两种：族参数（图 2.1-40）、共享参数（图 2.1-41）。族参数方法的优势在于操作简便，共享参数方法的优势在于同一参数可以多次使用。

共享参数一般以 txt 文件存储在本地，添加共享参数的时候，选择参数类型为共享参数，然后选择共享参数文件内的参数即可。

暖通机械设备的共享参数一般为功率、风量等，该参数分类已确定，选择后自动在分类中，保证了同种参数在不同族中的归类正确，便于后续标记族的统一制作以及参数统计等应用。

至此，完成暖通机械设备族的创建。

图 2.1-40　"族类型"对话框

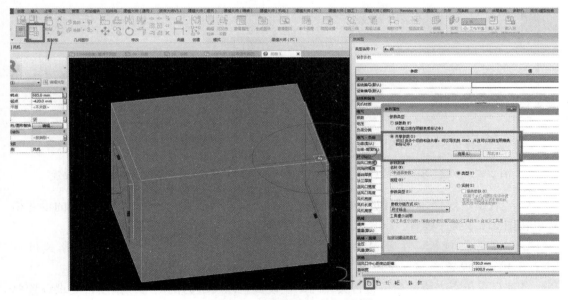

图 2.1-41　"编辑共享参数"对话框

2.2　项目样板

　　项目的创建，机电各专业应根据项目特点采用对应专业的样板，以在多人协同设计中做到标准统一，提高效率。并针对项目具体要求，对样板以下设置内容进行调整。

　　机电样板的通用设置内容包括项目单位、项目浏览器组织、项目信息、风管系统及其类型信息、水管系统及其类型信息、填充图案、线样式、线宽、材质、对象样式等。

2.2.1 项目单位

机电正向设计中各类参数的单位可通过点击菜单栏中"管理"➤"项目单位"设置，具体包括：

A."公共"规程（注：所谓"规程"即"专业"）部分，主要包含长度、面积、体积、角度、坡度的单位精度设置，如图 2.2-1 所示。

B."HVAC"规程，主要包含功率、风量、风管尺寸等的单位精度设置，其相对的设置格式可按图 2.2-2 统一设置。

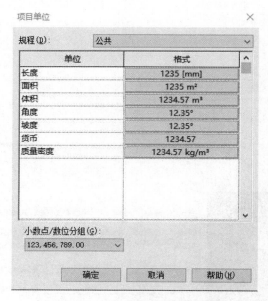

图 2.2-1 项目单位-公共规程设置

图 2.2-2 项目单位-HVAC 规程设置

C."管道"规程，主要包含流量、压力、速度等的单位精度设置，其相对应的设置格式可按图 2.2-3 统一设置。

D."能量"规程，主要包含能量、传热系数、热阻等，其相对应的设置格式可按图 2.2-4 统一设置。

各项目单位点击格式后可进行具体的单位设置。以风量为例，可根据项目要求设置单位、小数位数、单位符号是否显示等，如图 2.2-5 所示。

项目中涉及的功率或者风量等单位，默认读取项目设置单位，也可在设备或者标记族中通过不勾选"使用项目设置"，在具体相应族中进行单独的单位设置。

2.2.2 线宽、线型图案、线样式等设置

机电专业平面图中，不同的元素需以不同颜色、线宽及线型的线样式进行区分。一方面有利于图面清晰；另一方面，从 Revit 导出的 dwg 底图符合传统二维制图标准中的图层及线型设定，实现三维到二维的更优转换。

图 2.2-3　项目单位-管道规程设置

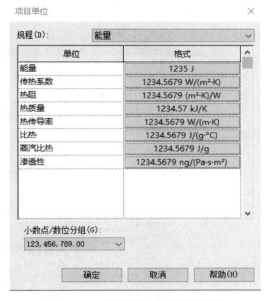

图 2.2-4　项目单位-能量规程设置

图 2.2-5　单位设置

1. 线宽

线宽可通过点击菜单栏中"管理"➤"其他设置"➤"线宽"设置。

线宽分为模型线宽、透视视图线宽、注释线宽 3 种。模型线宽结合视图比例进行设置，如图 2.2-6 所示；此外还有透视图线宽和注释线宽，均与视图比例无关，如图 2.2-7 所示。

需要注意的是，Revit 提供的模型线宽为 16 种，当机电（给水排水、电气、暖通空调）三个专业合用样板时，为了防止使用过程相互影响，各专业需对其模型线宽进行事先约定（如各占 5 种线宽，并预留 1 种线宽作为共性使用）。分配完毕后，各专业可根据需求设置不同比例下的线宽，以保证图面显示清晰美观。

设定好 16 种线宽的数值后，可将模型对象在样板中预设定不同的线宽号数，以在图面上显示不同的粗细。设置数值参考如图 2.2-8 所示。

图 2.2-6 模型线宽设置

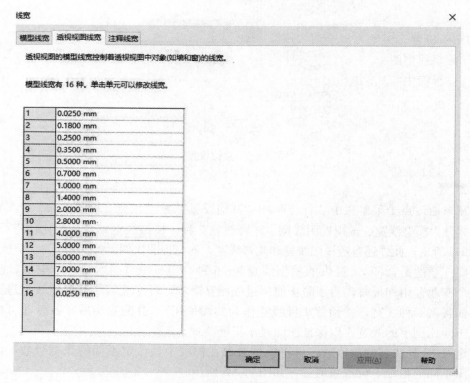

图 2.2-7 透视视图线宽设置

类别	线宽	
	投影	截面
结构梁系统	1	
结构路径钢筋	1	1
结构连接	1	1
结构钢筋	1	1
结构钢筋接头	1	
结构钢筋网	1	1
结构钢筋网区域	1	
详图项目	1	
软管	4	
软风管	4	
通信设备	4	
道路	1	4
门	1	2
风管	5	
风管内衬	5	
风管占位符	5	
风管管件	5	
风管附件	1	
风管隔热层	3	
风道末端	4	

图 2.2-8　相关线宽设置号数

2. 线型图案

　　针对各种不同类型的线型，需对图案进行编辑，以满足线型样式要求。各设计团队可对比项目图例标准，选取或制定线型。线型可通过点击菜单栏中"管理"➤"其他设置"➤"线型图案"设置，如图 2.2-9 所示。

　　用于编辑线型图案的基本元素由圆点、划线和空间组成，当机电图面有特殊要求时，可点击上述界面中的"新建"，按图 2.2-10 的方式新建自定义线型图案。

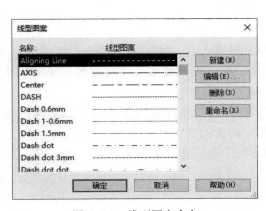

图 2.2-9　线型图案命名

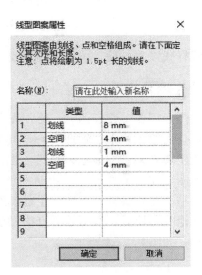

图 2.2-10　自定义线型图案设置

3. 线样式

结合线宽、颜色、线型图案三个元素，即可预设线元素的种类，可通过点击菜单栏中"管理"➤"其他设置"➤"线样式"设置，如图 2.2-11 所示。

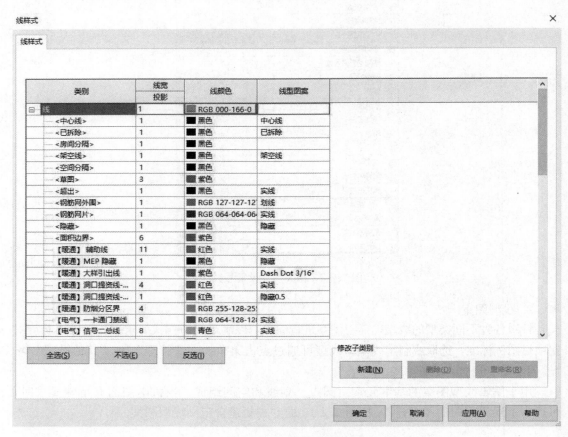

图 2.2-11　线样式设置

线样式设置好后，可在画详图线（菜单栏中"注释"➤"详图线"）时进行选取。

2.2.3　填充样式

当图面需要填充表达时，需预先设定填充样式。

可点击菜单栏中"管理"➤"其他设置"➤"填充样式"进行设定。填充从表现上分为绘图填充和模型填充，如图 2.2-12 所示。

绘图填充为不具备尺寸的动态填充，以保证各比例图纸成果上的注释效果具有一致性；模型填充具备真实尺寸，主要表现模型中构件的真实尺寸，如图 2.2-13 所示。

无论哪种填充，均可通过直接添加（简单填充）或 .pat 文件导入（复杂填充）增加或编辑，如图 2.2-14 所示。

2.2.4　材质

对于任何类别的模型构件，如不特别指定材质，软件将使用其类别的默认材质（如不

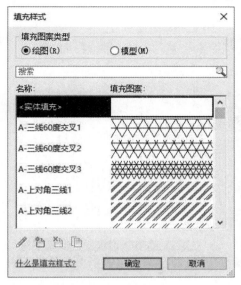

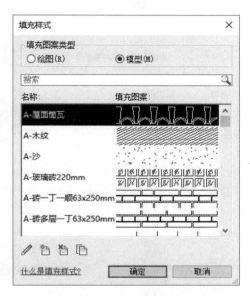

图 2.2-12 绘图填充设置   图 2.2-13 模型填充设置

特别设置,多为灰色普通质感材质,图形表面、剖切面均无填充)。为了提升展示效果,对模型构件和构件任何部分设置不同的渲染质感,图形表面或剖切面填充,则需要使用下列材质浏览器设置材质,如图 2.2-15 所示。

左侧可添加、复制、重命名材质,在右侧,对于所有的材质可分别调整其标识信息、图形显示内容、渲染外观,对于部分类别的材质,还可以设置物理信息、热量、热度。

2.2.5 对象样式

基于之前的线宽、线型图案和材质等设置,可在菜单栏"管理"▶"对象样式"对模型对象、注释对象等元素以及子元素的投影轮廓和截面轮廓进行默认显示设置,如图 2.2-16 所示。

同时,可以设置和规范化每个元素的子元素类别名称和种类。这些子元素的规范化设置在较大程度上影响到 Revit 导出 dwg 格式文件的图层、线型、颜色、线型图案设置。

图 2.2-14 新填充图案设置

2.2.6 视图样板

对于视图中的元素图形显示,对象样式作为全局级(第一级)的基础,视图样板作为视图级(第二级)的"滤镜",可以对项目视图进行标准化"过滤"——凡应用某视图样板的视图,在视图选择控制的部分具有相同的显示特征。

设置好的视图样板可以分类进行保存管理,在设计过程中可以直接选用需要的视图,以达到快速设置显示效果的目的。点击 Revit 菜单中"视图"▶"图形"▶"视图样板"▶"管理视图样板",可调出视图样板对话框,如图 2.2-17 所示。

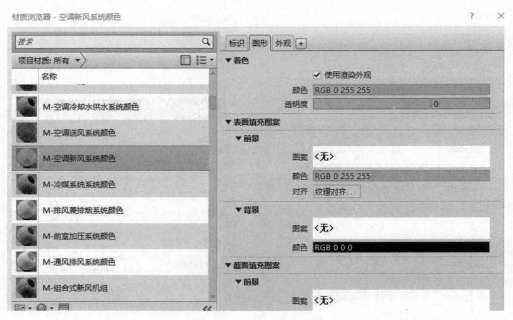

图 2.2-15 材质设置界面

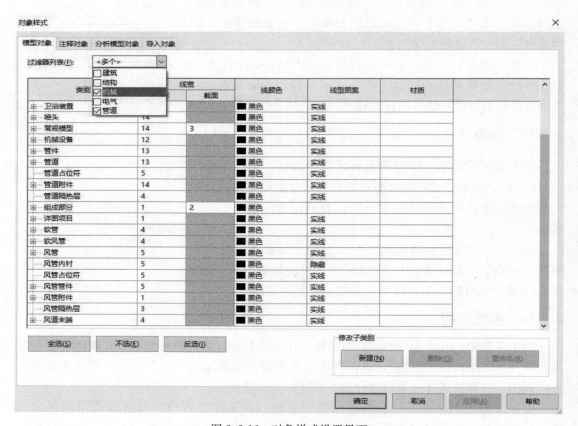

图 2.2-16 对象样式设置界面

视图样板设置左侧为视图样板分类（分为规程过滤和视图类型过滤）及名称控制部分，右侧为视图样板所控制的部分：勾选为控制部分，不勾选为释放——各视图可独立编辑部分，如图 2.2-18 所示。

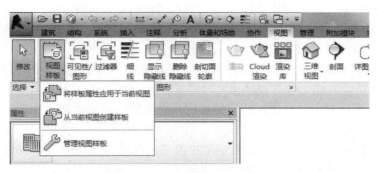

图 2.2-17　管理视图样板界面

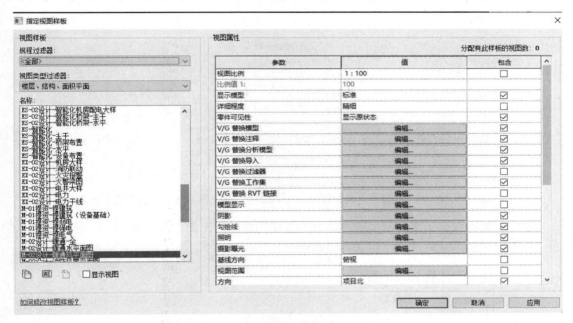

图 2.2-18　视图指定视图样板界面

在【视图样板】对话框，可对视图的显示效果进行详细设置，其中：第一列为需要控制的参数；第二列为具体的数值；第三列为是否控制。当第三列勾选时，该行对应的控制参数即起控制作用，替换原有的默认设置；同时，选用该视图样板，所有视图的对应参数均不能单独调整，只能继承该视图样板的设置。

机电正向设计过程中建立视图样板时，主要控制点有：

（1）V/G 替换模型：对应于视图样式设置中的模型类别选项卡，当此项被选中时，视图已有设置的模型类别视图样式即失效，均直接继承此处设置。

（2）V/G 替换注释：对应于视图样式设置中的注释类别选项卡，当此项被选中时，视图已有设置的注释类别视图样式即失效，均直接继承此处设置。

（3）V/G 替换分析模型：对应于视图样式设置中的分析模型类别选项卡，当此项被选中时，视图已有设置的分析模型类别视图样式即失效，均直接继承此处设置。

（4）V/G 替换导入：对应于视图样式设置中的导入类别选项卡，当此项被选中时，视图已有设置的导入类别视图样式即失效，均直接继承此处设置。

（5）V/G 替换过滤器：对应于视图样式设置中的过滤器，当此项被选中时，视图已有设置的过滤器即失效，均直接继承此处设置。

（6）V/G 替换 Revit 链接：对应于 Revit 外部链接，当此项被选中时，视图已有设置的 Revit 外部链接即失效，均直接继承此处设置。

（7）视图范围：对应于视图样式设置中的视图范围，当此项被选中时，视图已有设置的视图范围即失效，均直接继承此处设置，如图 2.2-19 所示。

（8）规程：Revit 中的规程相当于专业的含义，选择特定规程时，仅该专业模型内容可见。机电设计时将规程选定为"机械""电气"或"卫浴"即可，当需要参看其他专业内容时，也可选用对应专业或者"协调"，当选用"协调"时，所有专业内容均可见，如图 2.2-20 所示。

图 2.2-19　视图范围设置界面

图 2.2-20　规程设置界面

通常样板中预设了部分常用视图样板，可用于常规的出图、提资等作用。使用者可依据项目需求对视图样板进行自定义调整和修改。

2.2.7　项目信息及 Revit 参数

1. 项目信息

"项目信息"（Project information）指项目相对统一、稳定的总体信息，如项目名称、项目负责人称谓等文字类信息。项目信息多展示在项目图纸图签中，Revit 提供项目信息与图框图签联动功能。通过合理设置项目样板、图框族，可实现项目信息单次填写后在多个图框中自动同步显示。此过程涉及针对"项目信息"类别共享参数的添加。

依据企业标准以及项目特点，需添加项目信息参数，以满足设计及出图等要求，此部分信息多为全专业使用的通用信息，如图 2.2-21 所示。

项目通用信息可从建筑专业样板通过项目信息传递获得，如"建设单位""设计项目号""设计项目名""总负责人"等。

机电专业内的信息如"审核""审定""专负"的人员姓名，也可通过项目策划传递，可预设各类人员分为 a/b/c 三位，如图 2.2-22 所示。

图 2.2-21　项目信息-通用信息设置界面

图 2.2-22　项目信息-机电专业信息设置界面

项目样板制作时，可通过点击菜单中"管理"➤"项目参数"实现对上述信息的有序添加，如图 2.2-23 所示。添加时，勾选"项目信息"类别，即可使其成为"项目信息"类别的参数，如图 2.2-24 所示。

2. Revit 参数

为了更好地理解"项目参数"的概念和应用方法，需要了解 Revit 中的参数及其相关概念。

在 Revit 中，可为项目或者项目中的任何图元或构件类别创建自定义参数，所创建的参数显示在"属性"选项板或"类型属性"对话框中定义的组下，并带有定义的值，自定义参数的类型分为以下 3 种：

图 2.2-23　项目参数中的项目信息相关内容

（1）项目参数

说明：项目参数特定于某个项目文件。通过将参数指定给多个类别的图元、图纸或视图，系统会将它们添加到图元。项目参数中存储的信息不能与其他项目共享。项目参数用于在项目中创建明细表、排序和过滤。

示例：除了上节介绍的添加用于项目信息类别的项目参数以外，还可以为机械-管道类别添加项目参数"是否立管"，以便后续通过过滤器对立管进行筛选，如图 2.2-25 所示。

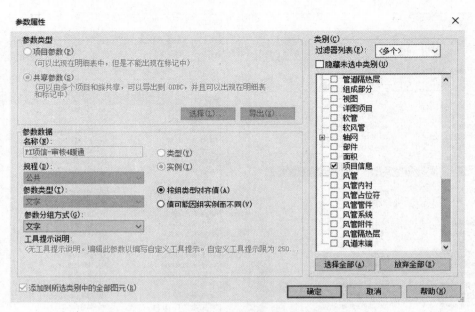

图 2.2-24　项目参数添加为项目信息类别的设置界面

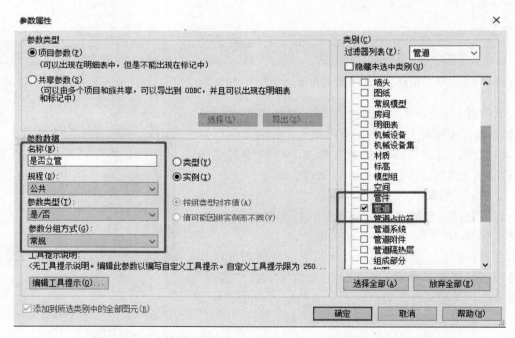

图 2.2-25　为管道类别添加为"是否立管"项目参数的设置界面

（2）族参数

说明：族参数控制族的变量值，例如，尺寸或材质。它们特定于族。通过将主体族中的参数关联到嵌套族中的参数，族参数也可用于控制嵌套族中的参数。

示例：族参数（例如"风机高度"和"风机宽度"）可以在机械设备-风机族中用于控制不同风机类型的尺寸，如图 2.2-26 所示。

（3）共享参数

说明：共享参数是参数定义，可用于多个族或项目中。将共享参数定义添加到族或项目后，可将其用作族参数或项目参数。因为共享参数的定义存储在不同的文件中（不是在项目或族中），因此受到保护，不可更改，可以标记共享参数，并将其添加到明细表中。

示例：如果需要标记一个族或项目中的参数或将其添加到明细表中，则该参数必须共享并载入该项目（或图元族）以及标记族中。当同时为两个不同族的图元创建明细表时，可使用共享参数。例如，如果需要创建两个不同的"风机"族，并且将这两个族的"功率"参数添加到明细表的同一列中，此时"功率"参数必须是在这两个"风机"族中载入的共享参数，如图 2.2-27 所示。

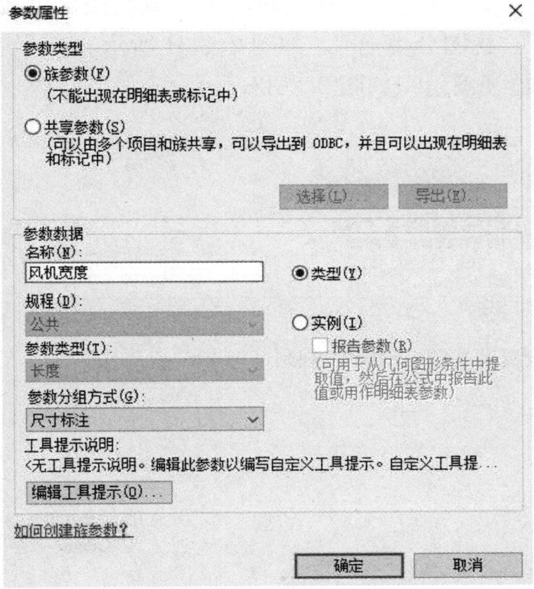

图 2.2-26　风机族-族参数属性界面 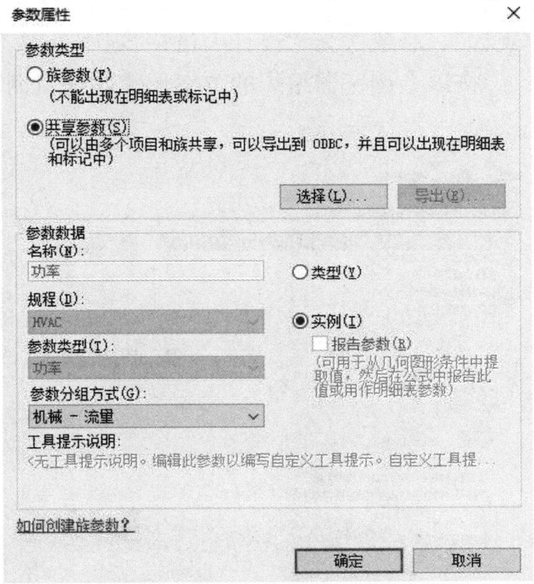　　　　图 2.2-27　风机族-共享参数属性界面

2.2.8　项目浏览器

Revit 中，"项目浏览器"用于显示当前项目中所有视图、明细表、图纸、组和其他部分的逻辑层次，展开和折叠各分支时，将显示下一层项目，起到将各类视图整齐归类的作用，如图 2.2-28 所示。

不同用途的视图均可通过对项目浏览器的组织设置多层次的分类管理，实现视图的高效应用。例如，设计视图用于机电设计师开展工作，提资视图用于各专业协同配合，校审视图用于反馈校对审核意见等。

通常，根据项目需求自定义项目浏览器组织结构框架，一个框架清晰的项目浏览器组织便于设计

图 2.2-28　项目浏览器

师在建模过程中快速查阅所需的视图。

通过，点选"视图"选项卡➤"窗口"面板➤"用户界面"下拉列表➤浏览器组织，打开项目浏览器组织菜单，选中所需的项目浏览器组织方式，点击"编辑"，进入【浏览器组织】对话框，如图 2.2-29 所示。

图 2.2-29　浏览器组织

根据项目特点，机电三专业可共用项目文件，或者单专业使用项目文件，其对应的浏览器组织-视图有不同的设置方案。

当机电三专业共用中心文件项目时，在浏览器组织的"视图"组织属性中，"过滤"规则的"过滤条件"为＜无＞，如图 2.2-30 所示，"成组和排序"规则中，成组条件可按"规程"，后依次为"设计人员""视图分类-父""视图分类-子"，如图 2.2-31 所示。

按以上浏览器组织的方案形成的项目浏览器视图组织如图 2.2-32 所示。

图 2.2-30　机电共用文件-浏览器视图组织-过滤规则

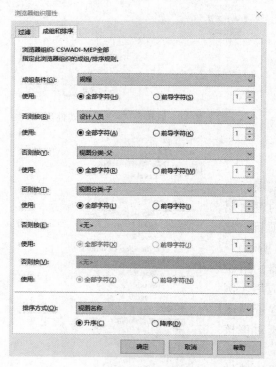

图 2.2-31　机电共用文件-浏览器
视图组织-成组/排序规则

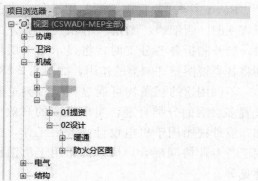

图 2.2-32　机电三专业共用文件-
项目浏览器-视图

当单专业使用项目文件时，以暖通空调专业为例，在浏览器组织的"视图"组织属性中，"过滤"规则中的"过滤条件"为＜规程＞等于＜机械＞，如图 2.2-33 所示。"成组和排序"规则中，成组条件可按"设计人员"，后依次为"视图分类-父""视图分类-子"，如图 2.2-34 所示。

图 2.2-33　单专业文件（暖通空调）-项目浏览器
组织-过滤规则

图 2.2-34　单专业文件（暖通空调）-项目浏览器
组织-成组/排序规则

　　按以上浏览器组织的方案形成的项目浏览器视图组织如图 2.2-35 所示。

　　其中，"视图分类-父""视图分类-子"通过在样板中预设置参数值，规范化控制不同类型视图的归类。

　　预置"01 提资""02 设计""03 剖面"和"04过程"四种"视图分类-父"参数值，将视图分成如图所示的一级分组，如图 2.2-36 所示。

　　在"01 提资"中预设"提建筑""提弱电""提强电""提给水排水"四种"视图分类-子"参数值，将视图分成如图所示的二级分组，如图 2.2-37 所示。

图 2.2-35　单专业文件（暖通空调）-
项目浏览器组织-视图

　　同理，在"02 设计"中预设"暖通风""暖通水""大样图""管综"四种"视图分类-子"参数值，将视图分成如图 2.2-38 所示的二级分组。

　　以上预设值也可根据项目不同在参数栏手动输入填写，初次填写后视图属性的对应参数便有记录，后续下拉选择即可，如图 2.2-39 所示。

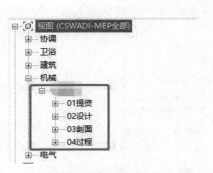

图 2.2-36　浏览器视图组织-视图
分类父方式

图 2.2-37　浏览器视图组织-视图
二级分组方式一

图 2.2-38　浏览器视图组织-视图
二级分组方式二

图 2.2-39　视图属性-预设置

协同设计是以系统性思维为指导,在设计中协调多个专业、多个设计资源以及多个系统共同作用,实现设计成果目标效果的过程。

协同设计也存在于二维 CAD,但其方式相对于 BIM 正向设计更为基础。在 BIM 正向设计中,各专业设计数据以 BIM 模型的方式进行交互,能避免专业间的重复建模,实现专业配合的数据化和高效率,大幅提升协作效率与设计质量。

本章主要介绍与二维 CAD 不同的三维协同特点与设置。

3.1 协同概念与基础操作

基于 Revit 进行协同设计时,从数据管理方式上可分为设计模型文件内的协同与设计模型文件间的协同,其中文件内的协同即中心文件方式,文件间的协同即外部链接方式,通过这两种方法的使用与组合,可为不同项目搭建适宜的协同组织方式。

本节主要介绍这两类协同方式的基本概念与操作。

3.1.1 中心文件协同方法

中心文件协同方法可简单理解为多人同时操作一个模型文件,数据在同一个设计模型文件中即时交互协同。中心模型将存储项目中所有图元的当前所有权信息。所有用户保存各自的中心模型本地副本,在本地工作,并通过与中心模型同步,将本地工作成果上传到中心模型,并与其他用户共享和协作。

为了实现该目的,在 Revit 中将模型文件分为中心文件与本地文件,中心文件放置在网络服务器上,各位设计人员通过中心文件创建本地文件,系统自动建立本地文件与网络中心文件的数据通信。设计人员编辑已建立通信的本地文件,通过同步操作,将各个本地文件的修改内容同步至网络中心文件,并将整合后的数据向各个本地文件分发。同时,系统对各个本地文件实时操作监视,自动对所有构件的编辑权限进行有组织的管理,避免出现权限冲突,从而既实现了多人同时编辑一个模型文件的协作,又避免了相互干扰。

在中心文件协同方法中(图 3.1-1),构件的编辑权限以"工作集"的概念进行管理。工作集指的是项目中图元的集合和工作权限分配。工作集可按需定义,例如,根据功能区域划分(如内部区域、外部区域、场地或停车场);根据机电系统功能划分;根据设计师划分等,团队成员应在统一分配后的各自的工作集中工作。

划分构件设置工作集后,工作集内的构件仅能由该工作集的所有者编辑;当不设置工作集划分时,构件按"先到先得"和"唯一操作"的方式管理,即当有人编辑某一构件时,其他人员均无法修改该构件,直到编辑者编辑完毕并将修改同步至中心文件为止。

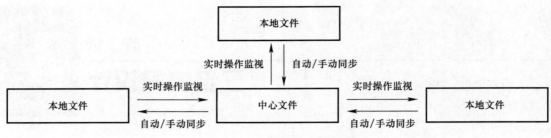

图 3.1-1　中心文件协同方法

工作流程如下：

1. 在局域网的工作环境下，通过"公共服务器"或"项目主服务器"的计算机建立项目"中心文件"。

2. 通过"中心文件"共享项目轴网、标高等通用信息，以"工作集"的方式创建各计算机及参与人员的权限和工作范围，各参与人员在自己的权限"工作集"中进行各自的内容设计。

3. 由于所有参与者都基于中心文件进行工作，因此在设计过程中可以通过 Revit 中的"协同"选项和"同步"按钮进行文件上传和同步，所有参与人员都能够实时获取项目的最新模型，并且不会相互干扰。

操作步骤如下：

1. 根据项目需要，选择"项目样板文件（企业样板/项目样板）"建立项目，点击 Revit 菜单中的"协作" ➤ "管理协作" ➤ "工作集"，弹出【工作共享】对话框，点击确定，接受默认设置，弹出【工作集】对话框，在此处可以根据项目要求设置不同的工作集，也可以直接点击确定，先接受默认设置，后续跟随项目逐步完善，如图 3.1-2～图 3.1-4 所示。

图 3.1-2　启动"工作集"

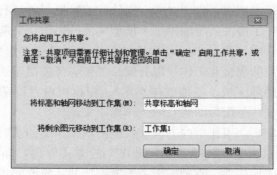

图 3.1-3　【工作共享】对话框

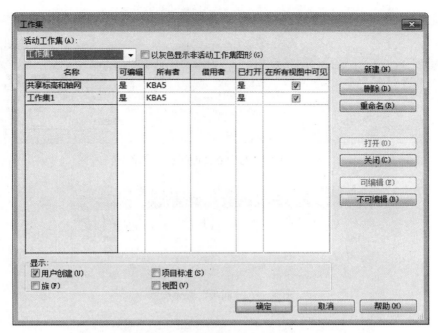

图 3.1-4 【工作集】对话框

2. 将已经设置工作集的文件保存至拟定的网络位置，关闭文件。

3. 参与该设计的人员，通过 Revit 打开（快捷键 Ctrl＋O）该拟定的网络位置下的文件，在【打开】面板中，注意勾选"新建本地文件"，点击打开，如图 3.1-5 所示。此时系统将在本地生成一个对应于"中心文件"的"本地文件"。

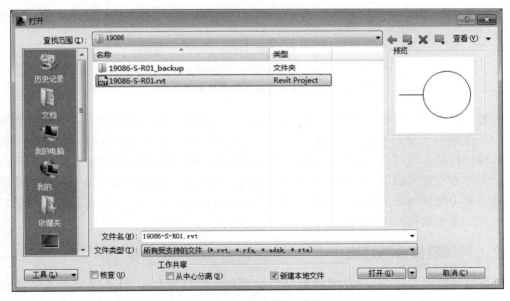

图 3.1-5 【打开】对话框

4. 点击 Revit 菜单中的"协作"➤"与中心文件同步"，或者点击任务栏中"同步"快捷按钮，如图 3.1-6 和图 3.1-7 所示。在弹出的【与中心文件同步】对话框中点击确定，完成与中心文件的同步，如图 3.1-8 所示。

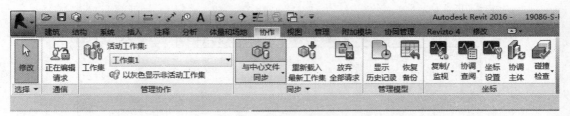

图 3.1-6 "与中心文件同步"菜单

图 3.1-7 "同步"快捷按钮

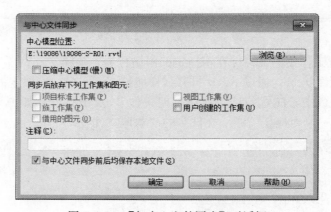

图 3.1-8 【与中心文件同步】对话框

需要注意的是，当难以明确划分工作集时，可采用图元借用的协作方式将所有图元放在公用工作集中（个人不独占）。此时，各位设计人员可以直接从服务器中心文件中自动借用其编辑权限，即可直接编辑该图元。当系统判定该图元已经被其他设计人员编辑占用时，会向对方放置编辑请求，对方在收到请求后，查看被借用的图元并得到授权，才能继续编辑。采用这种图元借用的协同方式进行中心文件同步时，应注意勾选"放弃借用的图元"选项，避免编辑权限长期占用。

3.1.2 外部链接协同方法

外部链接协同方法与 CAD 中的外部链接类似，即将独立的 BIM 模型引入需协同的 BIM 模型中，并予以显示，实现叠图、叠模型的目的，在整个链接过程中，被引入的 BIM 模型数据并不加入需协同的 BIM 模型，仅以外部数据的形式在显示界面加载，BIM 模型间彼此独立，方法简单、便捷，如图 3.1-9 所示。

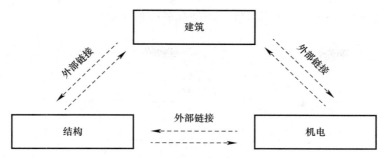

图 3.1-9　外部链接协同方法

外部链接插入方式与 CAD 类似，点击 Revit 菜单中的"插入"➤"链接"➤"链接 Revit"，在弹出的【导入/链接 Revit】对话框中选择拟链接的 Revit 文件，点击确定完成插入链接，如图 3.1-10 和图 3.1-11 所示。

图 3.1-10　"链接 Revit"菜单

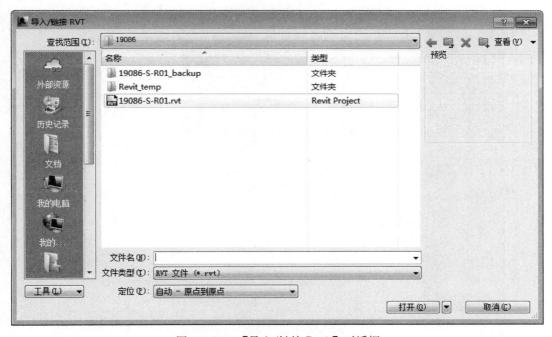

图 3.1-11　【导入/链接 Revit】对话框

为了协调不同文件间的坐标和高程，Revit 为链接模型的定位提供了多种方式，包括中心到中心、原点到原点、共享坐标等（图 3.1-12）。实际项目中使用较多的是"自动-原点到原点"。此外需了解的是"通过共享坐标"，该模式是指已正确将 Revit 中"测量点"与建筑相对位置的模型链接对准各单体后，向各单体发布坐标，形成项目的共享坐标体系。总之，需确保所有模型文件采取统一的坐标和高程体系。

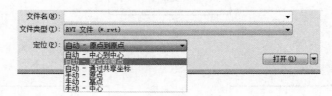

图 3.1-12　选择链接文件定位方式

完成链接外部文件后，可通过管理链接进行管理，点击 Revit 菜单中的"管理"➤
"管理项目"➤"管理链接"，在【管理链接】对话框中可对每个外部链接文件进行更换路
径、重载、卸载等管理操作，如图 3.1-13 和图 3.1-14 所示。

图 3.1-13　"管理链接"菜单

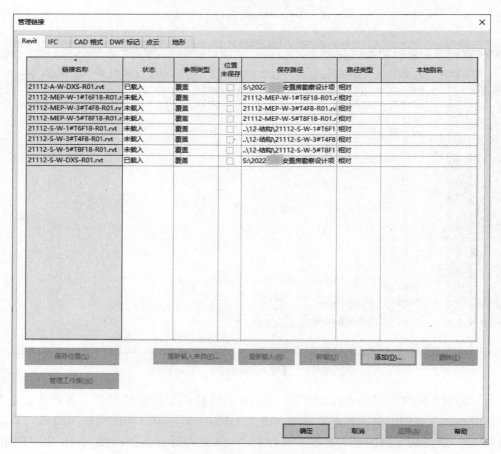

图 3.1-14　【管理链接】对话框

1. 复制/监视轴网标高

机电专业的建模需基于建筑专业的模型，而建筑专业模型中的轴网和标高是建模的基本参照，也是最终出图的必备元素，因此需在机电建模过程中将其复制/监视至本模型。

点击 Revit 菜单中的"协作"➤"坐标"➤"复制/监视"➤"选择链接"（图 3.1-15）。单击链接的建筑模型，图形区进入"复制/监视"编辑模式（图 3.1-16）。点击 Revit 菜单中

图 3.1-15　"复制/监视"菜单

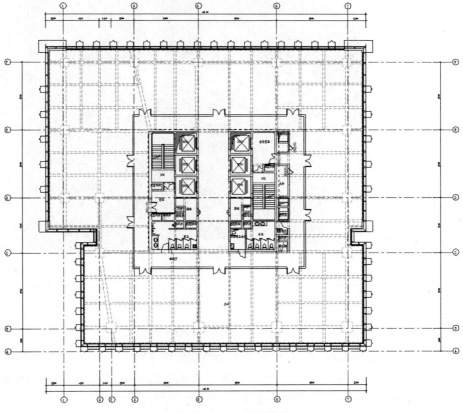

图 3.1-16　"复制/监视"编辑模式

图 3.1-17 "复制/监视"菜单

的"复制/监视"➤"工具"➤"复制",勾选选项栏"多个"选项（图 3.1-17），在平面图中框选整个建筑模型（图 3.1-18），点击选项栏中的"过滤器"（图 3.1-19）。弹出【过滤器】对话框，只勾选轴网，点击"确定"，以此点击选项栏中的"完成"，复制轴网成功（图 3.1-20）。

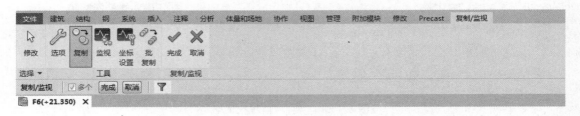

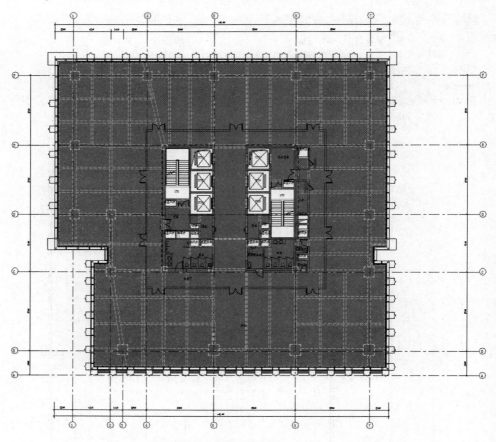

图 3.1-18 框选建筑模型

此后，一旦建筑轴网修改，机电模型会收到报警（图 3.1-21）。点击"确定"进入视图，点击 Revit 菜单中的"协作"➤"坐标"➤"协调查阅"➤"选择链接"（图 3.1-22），弹出【协调查阅】对话框。在【协调查阅】对话框中选择修改的轴网，点击"显示"，即可得到建筑轴网的修改信息（图 3.1-23）。

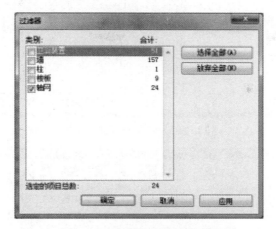

图 3.1-19　【过滤器】对话框

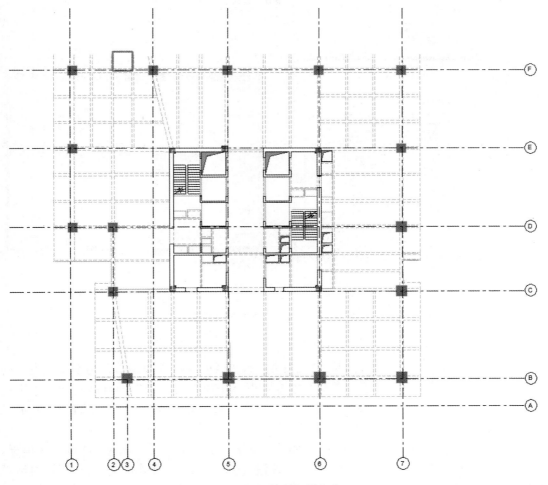

图 3.1-20　轴网复制完成

图 3.1-21　建筑轴网修改报警

图 3.1-22　"复制/监视"菜单

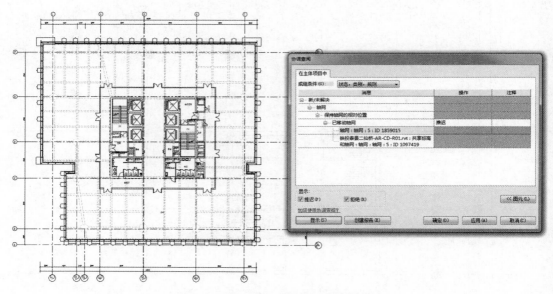

图 3.1-23　【协调查阅】对话框

2. 调整链接视图

外部链接作为本专业开展设计的输入条件，很重要的一个方面是其作为本专业设计的"底图"作用，为了实现这一点，需要在本专业设计平面上指定对应的链接视图，否则将会默认以链接模型的主体视图显示，并不一定符合要求。关于链接视图（提资视图）的具体要求，详见 3.3.2 节。

点击"vv"快捷键，弹出【可见性/图形替换】对话框，点击"Revit 链接"选项板，点击显示设置中建筑模型所在行的显示设置按钮（图 3.1-24）。在弹出【Revit 链接显示设置】对话框的"基本"选项板点击"按链接视图"，在链接视图的下拉列表中选择与当前标高视图相对应的建筑视图，本例标高视图为"标高 5.050m"，对应的建筑视图则为"楼层平面：2F"（图3.1-25），点击"确定"。

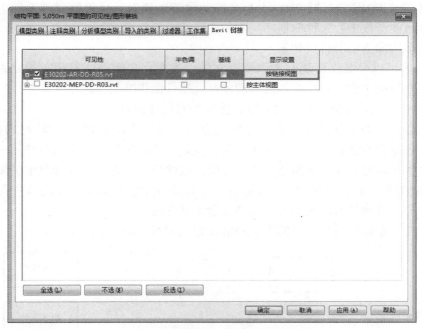

图 3.1-24 【可见性/图形替换】对话框

图 3.1-25 【Revit 链接显示设置】对话框

3.1.3 项目协同组织方式

中心文件协同方法与外部链接协同方法各有特点，中心文件协同方法的特点如下：

1. 对于团队沟通与协调较为有益，但由于在使用中心文件模式进行协同的过程中各专业的工作集数量较多，工作集权限频繁交叉，设计管理工作量大幅上升，可能导致效率降低；

2. 在不断更新模型的过程中，中心文件变得越来越大，导致模型越来越卡顿，同时操作不慎有可能造成中心文件的损坏，需额外注意模型备份。

外部链接协同方法的特点如下：

1. 参与人可以根据需要随时加载模型文件，各专业之间的调整相对独立。尤其针对大型项目，在协同工作时，模型性能表现较好，软件操作响应快。

2. 使用此方式，模型数据相对分散，协作的时效性稍差。

实际项目中，如果仅采用中心文件协同方法，当专业较多时，容易导致权限交叉混乱，可以考虑减少专业数量，将专业控制在大专业内部，例如，机电团队使用一个中心文件，既保证了即时性，又尽可能地减少了可能出现的权限问题。土建和机电需要相互"参照"，可以使用链接的协同方式，双方各自在中心文件中链接对方的中心文件即可。这种同时采用中心文件和外部链接的方式就是混合协同方法。

综上所述，单体建筑最典型的专业间链接方式如图 3.1-26 所示：

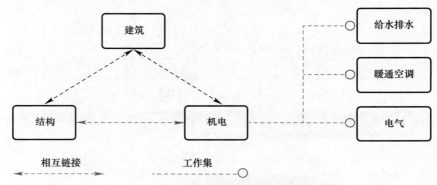

图 3.1-26　单体建筑典型的专业间链接方式

注：幕墙、装饰及其他专业 BIM 模型亦可根据需要建立专业间链接关系。

当单体建筑较大时，机电模型也可按专业拆分模型，其典型链接方式如下（图 3.1-27）：

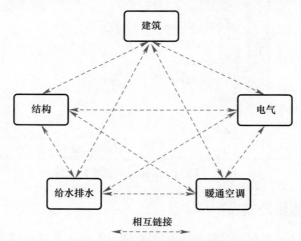

图 3.1-27　按专业拆分机电模型的典型链接方式

注：幕墙、装饰及其他专业 BIM 模型亦可根据需要建立专业间链接关系。

3.2　协同策划

3.2.1　确定 BIM 标准

正向设计开始时，需根据项目的不同阶段以及项目的具体目的确定模型精度等级，根据不同等级的建模要求确定建模精度。只有基于同一建模精度创建模型，各专业之间模型协同共享时，才能最大限度地避免数据丢失和信息不对称。建模精度等级的另一个重要作用，就是规定了在项目的各个阶段各模型授权使用的范围。类似内容需要合同双方在设计合同附录中约定。

正向设计中，项目团队可以制定项目级的协同设计标准，并在此基础上进行总结、提炼，进一步形成企业级 BIM 协同设计标准。部分国家 BIM 标准如表 3.2-1 所示。

基于 BIM 的正向设计主要相关标准　　　　　　　　　　　　　　表 3.2-1

标准	主要相关内容
《建筑信息模型设计交付标准》 GB/T 51301—2018	采用 BIM 模型进行交付时的主要内容与深度
《建筑信息模型应用统一标准》 GB/T 51212—2016	BIM 模型及相关软件的应用、组织等基础规则
《建筑信息模型分类和编码标准》 GB/T 51269—2017	BIM 模型中元素的分类方法与标准编码
《建筑工程施工信息模型应用标准》 GB/T 51235—2017	施工阶段 BIM 模型的建模要求与应用
《建筑工程设计信息模型制图标准》 JGJ/T 448—2018	模型建模标准及从模型生成图纸的基本要求

此外，为了准确整合模型，确保模型集成后统一定位、规范管理，保证模型数据结构与实体一致，还需要在 Revit 中预先定义和统一模型的建模标准，包括楼层名称、楼层顶标高、楼层的顺序编码以及统一度量单位、统一模型坐标、统一模型色彩、名称等。

3.2.2　BIM 出图范围策划

因现阶段设计成果尚不能完全从 BIM 模型中生成，机电专业应在项目开展之前对所有文件的二维、三维出图方式进行策划。以下为推荐的机电专业的 BIM 出图范围，各项目宜尽量扩大三维出图的比例（表 3.2-2、表 3.2-3）。

各专业初步设计出图推荐表　　　　　　　　　　　　　　　　　表 3.2-2

专业	三维出图的图纸类别	二维出图的图纸类别
给水排水	给水排水平面图、消防平面图、喷淋平面图	图纸目录、设计说明、系统图
电气	电气干线平面图	图纸目录、主要电气设备及材料表、系统图
暖通空调	主要风管平面图	图纸目录、图例、设备表、系统图、主要水管平面图

各专业施工图出图推荐表 表 3.2-3

专业	三维出图的图纸类别	二维出图的图纸类别
给水排水	给水排水平面图、消防平面图、喷淋平面图	图纸目录、设计说明、系统图、大样图
电气	电气平面图	图纸目录、主要电气设备及材料表、系统图、大样图
暖通空调	空调风管平面图 通风平面图 防排烟平面图 水管平面图	图纸目录、设计说明、施工说明、图例、设备表、系统图、大样图

3.2.3 人员职责策划

在应对具体项目时，应根据项目特点，由设计总负责人、BIM 负责人和各专业负责人共同策划协同事项。其中 BIM 负责人为区别于常规非 BIM 项目的新增角色。推荐 BIM 项目人员职责策划如表 3.2-4 所示。

项目人员职责策划表 表 3.2-4

部门/职务	职责
设计总负责人	策划项目 BIM 的目标、范围； 策划项目 BIM 的流程、关键节点； 对设计质量及模型质量整体负责
BIM 负责人建议由设总、专业负责人或副设总兼任	协助设总进行 BIM 策划工作； 项目样板和族库的准备； 协调各专业之间三维协同及权限使用； 负责三维模型检查进度执行； 负责文件夹、归档文件、构件文件、项目数据转换的管理及运行； 与设总及各专业负责人共同制定管综原则； 族库、样板库及项目共享参数的统一管理； 对模型质量负责（在会签环节确认）
专业负责人	专业设计技术负责人，协调专业内 BIM 人力资源； 对本专业 BIM 模型负责，并应做本专业 BIM 模型审查； 负责与其他专业配合； 负责三维模型、二维图纸管理； 负责对本专业三维模型的拆分、工作集的划分，工作权限的分配管理
BIM 工程师	建议由设计人员兼任（在专业负责人指导下工作）； 对自建 BIM 模型负责； 负责收集管理项目构件； 负责不同软件制图之间的转换，参与部分设计工作； 设计过程中负责检查本专业模型的碰撞，并进行协调； 协助 BIM 负责人，验证和检查管线综合设计

3.2.4 模型拆分策划

首先应根据项目的大小、各区域功能特点、施工界面、投入运营时间等因素拆分子项。子项单体内拆分，可根据分区、施工标段、楼层、构件等进行。各专业间单体内模型拆分原则应尽量一致。

专业间一般按建筑、结构、机电（给水排水、电气、暖通空调）专业组织拆分模型文件，各拆分文件包含各相关专业的设计内容（对于复杂幕墙可单独建立幕墙模型）。各专业之间通过链接的方式进行专业协调。

为了避免重复或协调错误，应明确规定并记录每部分数据的责任人。

如果一个项目中包含多个模型，应考虑创建一个"容器"文件，其作用为将多个模型组合在一起，供专业协调和冲突检测时使用。

常用模型拆分方法示例如表 3.2-5 所示。

常用模型拆分方法示例表　　　　　　　　　　　　　　　　表 3.2-5

专业（链接）	拆分（链接或工作集）
建筑	依据子项拆分（建筑、结构专业宜统一）； 依据楼栋拆分； 依据施工标段拆分； 依据楼层拆分； 依据建筑构件拆分
幕墙 （若独立建模）	依据建筑立面拆分； 依据建筑分区拆分
结构	依据子项拆分（建筑、结构专业宜统一）； 依据楼栋拆分； 依据施工标段拆分； 依据楼层拆分； 依据结构构件拆分
机电专业	依据建筑分区拆分； 依据楼栋拆分； 依据施工标段拆分； 依据楼层拆分； 依据系统/子系统拆分； 依据设计人员拆分

注：机电专业应与建筑专业拆分方式尽量统一。

3.2.5　工作集策划

工作集命名原则：工作集需依据项目特点、各专业特点以及项目人员进行拆分。工作集划分应有一定的逻辑关系，有利于效率和质量的提升，总体上遵从易区分、易排序的原则，例如，专业代码-责任人-内容，此命名方式便于理解内容和责任人。

对不和其他构件造成"粘连"（连接和剪切等关系）的构件（如幕墙），可单独建立工作集，便于"占权"后独立编辑；对于标高和轴网等关键性构件，应由 BIM 负责人长期"占权"锁定编辑权。

各专业内部工作集拆分示例如表 3.2-6 所示。

各专业内部工作集拆分　　　　　　　　　　　　　　　　表 3.2-6

专业	工作集内容	工作集名称	所有者
建筑 （幕墙）	标高和轴网	共享标高和轴网	建筑 BIM 负责人
	地下室	A-共有-地下室平面	（共有）

专业	工作集内容	工作集名称	所有者
结构	共享标高和轴网	共享标高和轴网	专业负责人 副专业负责人
	结构单体 1	S-姓名-单体 1	姓名
给水排水	复制监视建筑标高和轴网	共享标高和轴网	姓名
	消防泵房大样	P-姓名-消防泵房大样	姓名
	地下一层自喷平面图	P-姓名-地下一层自喷	姓名
	地下一层给水排水有压管道	P-姓名-地下一层给水排水有压管	姓名
暖通空调	复制监视建筑标高和轴网	共享标高和轴网	姓名
	地下一层暖通平面	M-姓名-地下一层暖通平面	姓名
	1 号楼核心筒暖通平面	M-姓名-1 号楼核心筒暖通平面	姓名
电气	复制监视建筑标高和轴网	共享标高和轴网	姓名
	链接外部模型	LINK-外部链接	姓名
	地下室电力	E-姓名-地下室电力	姓名
	地下室照明	E-姓名-地下室照明	姓名

注：亦可直接按设计人划分工作集。关键系统、内容应由专业负责人所有。

3.3 专业间协同

3.3.1 专业间提资

除三维模型外，二维图面上专业间主要通过提资视图的方式配合。

因当前 Revit 中并未将提资类视图与其他视图区分，对于提资视图，需由用户在命名上与其他视图区分，方便接受提资专业在引用提资视图时快速定位。命名方式建议如下："提资专业" ＋ "提" ＋ "接收专业" －（"用途"）－ "标高"。

其中，专业可用中文或英文简写。接收提资为多专业时，亦需约定具体名称，例如，水＋暖＋电＝"机电"、建筑＋结构＝"土建"。提资视图命名示例如下：建提机电-B1、建提结-降板-1F、暖提土建-开洞-B1。

3.3.2 施工图提资视图需求及深度规定

因正向设计最重要的主要实施阶段是施工图，本节按施工图要求编写提资视图需求深度规定。方案、初步设计阶段可根据项目要求，由设计总负责人会同各专业负责人在施工图要求上适当简化。

提资视图分为配合提资视图与出图提资视图两类。前者适用于项目设计过程的配合需要，主要目的是为外专业提供过程所需配合信息；后者用于出图，除了相关配合信息外，还需考虑专业出图的相关处理。

配合提资视图，可参照表 3.3-1 执行。

出图提资视图，可参照表 3.3-2 执行。

配合提资视图内容　　　　　　　　　　　　　　　　　　表 3.3-1

提出资料＼接收资料	建筑	结构	给水排水	暖通空调	电气
建筑	—	轴网、标高（含结构板面标高或面层厚度）、房间、降板、洞口、楼梯、坡道、基坑、排水沟、集水坑、雨棚板、空调板、高程、坐标定位、视图设定	房间功能、门（其中防火门需标出）、窗（与暖通防排烟相关开窗面积信息、防火窗需标出）、防火卷帘、降板区域填充以及降板处标高标注、楼板标高标注、大型设备占位显示、轴间距、防火分区示意图、修改处圈注、相关工艺条件		
结构	结构平面布置（结构柱、剪力墙、开洞、梁看线）	—	结构平面布置（结构柱、剪力墙、开洞、梁看线、梁尺寸标注）		
给水排水	机房、管井区域；抬板降板区域要求；主要设备布置	大型设备荷载；结构部件开洞	—	需气体灭火区域	用电需求、控制方式
暖通空调	机房、管井区域；抬板降板区域要求；主要设备布置	大型设备荷载；结构部件开洞	暖通机房用水排水要求标记	—	用电需求、控制方式
电气	机房、管井区域；抬板降板区域要求；主要设备布置	大型设备荷载；结构部件开洞	电气机房用水排水要求标记	电气用房通风空调要求	—

出图提资视图内容　　　　　　　　　　　　　　　　　　表 3.3-2

专业	视图类型	视图内容
土建	土建平面图	标高、轴号、轴网尺寸 房间名称、门（区分防火门）、窗、防火卷帘； 防火分区及消防疏散示意图； 大型设备占位； 体现结构柱、剪力墙
机电	机电部件平面布置	消火栓、立管、地漏、主要设备布置

3.4　BIM 协同设计管理

3.4.1　协同管理原则

　　正向设计中的 BIM 协同设计管控主要是为了确保 BIM 模型数据的延续性和准确性，减少项目设计过程中的反复建模，减少因不同阶段的信息割裂导致的设计错误，提高团队的工作效率与准确率，提升设计产品的质量。正向设计中的 BIM 协同主要考虑以下基本原则：

　　1. 制定合理的任务分配原则，保证各专业间、专业内部各设计人员间协同工作的顺畅有序及链接关系的稳定性；

　　2. 考虑企业现有的软硬件条件，制定合理的协同工作流程，避免超出硬件的支撑能力；

　　3. 设计阶段中的 BIM 协同包含了大量的数据传递，各阶段的设计人员应尽可能将现阶段的数据传递到下一阶段，当数据格式不同时，则需要考虑一种最佳的中间格式，以便下一阶段的再利用；

4. 确保数据模型版本的唯一性、准确性与时效性。

3.4.2 协同文件管理要点

正向设计的模型和图纸数据均保存在文件中，Revit 文件的错误、损伤或丢失将给设计质量、设计进度造成极大的影响，因此，设计中对 Revit 文件进行严格管理，主要要求有：

1. 所有 Revit 文件应存放在网络服务器上，并对其进行定期备份。

2. 各项目人员应通过受控的权限访问网络服务器上的 Revit 文件。

3. Revit 本地文件应设置合理的同步时间自动同步至中心文件。

4. 应合理设置 Revit 文件的自动保存提示间隔时间。

5. 严禁直接打开 Revit 中心文件进行查看、编辑工作。

6. 打开 Revit 中心文件进行设计时，不要随意勾选"从中心分离"，否则该本地文件将无法同步。

7. 反之，当需对 Revit 中心文件进行风险操作（例如打开其他专业中心文件等），应在打开文件时主动选择将中心文件分离，以保护中心文件。

8. 同一中心文件的各个设计人不要同时执行同步操作，避免集中同步导致的时间过长或文件崩溃。在同步过程中，设计人不应离开电脑，以便及时解决可能出现的问题，避免延误他人的工作。

9. 一旦服务器中的项目中心文件出现问题、无法打开或者丢失时，可以选择最新版本的本地工作文件作为基础文件，将其"另存为"新的中心文件继续设计。这样可能仅会丢失最后一次同步后做的部分设计工作，而保留之前完成的大部分工作成果。

3.5 给水排水专业正向设计

3.5.1 给水排水专业模型设置

给水排水专业 BIM 正向设计的主要内容大致包括管道类型的设置、系统类型的设置、样板文件的设置、协同方式及专业间提资、图面标注、图纸建立等。在进行给水排水专业正向设计之前，需先对样板文件进行设置，其中比较重要的是管道类型的设置与系统类型的设置。管道类型的设置决定了管道为哪种材质，而系统类型的设置关系着管道属于哪种设计系统，这些都是给水排水正向设计中最基本的设置。

1. 管道类型的设置

在 Revit 自带的样板文件中有几种默认的管道族类型，并已经设置好默认的连接方式。在实际的设计过程中若需新增管道类型，则可以通过复制已有管道类型的方式创建，并对新创建的管道类型进行重命名。命名时可参照管道实际材质，根据设计项目的实际情况设置管道参数和连接方式。

以下以"内外热镀锌钢管-丝接与卡箍"管道类型为例，在【项目浏览器】面板中点击右键选择任意一种已有的管道类型。选择"复制"命令，如图 3.5-1 所示，创建新的管道类型后，将新创立的管道类型重命名为"内外热镀锌钢管-丝接与卡箍"，也可根据需要以其他名称命名。

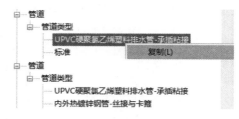

图 3.5-1　管道类型

接下来对新建的管道类型进行编辑，右键点开【类型属性】对话框，点击"布管系统配置"一栏中的"编辑"按钮，如图 3.5-2 所示。弹出【布管系统配置】对话框后，先选择合适的管段标准，再按项目实际的使用情况对管道的各种连接方式进行设置。此处以"弯头"为例，这里代表的意思是，当管径大小为 DN15 至 DN50 时，弯头的连接方式为丝接；当管径大小为 DN65 至 DN200 时，弯头的连接方式为卡箍；当以上管径条件都不满足时，弯头按焊接的形式连接。这里有很多种组合的方式，但都应根据自身需求建立适合项目情况的连接方式。

图 3.5-2　类型属性与布管系统配置

这里需要注意的是，如果现有样板文件的管道没有包含设计所需要的尺寸，可以在【布管系统配置】对话框中点击"管段和尺寸"按钮，或者通过点击菜单栏中"管理"➤"MEP设置"➤"机械设置"按钮进入如下界面，对管道某些基础信息进行设置，如图 3.5-3 所示。在此选择合适的尺寸大小，如果没有自己所需要的标准，可在"尺寸目录"一栏增加自己所需要的尺寸。

2. 系统类型的设置

在软件已有的样板文件中存在几种自带的管道系统类型，在 Revit 中所有的管道系统默认分为 10 种，如图 3.5-4 所示，这些默认的系统分类信息是不可更改的，但是可以通过复制这些默认的系统分类创建设计所需的系统。

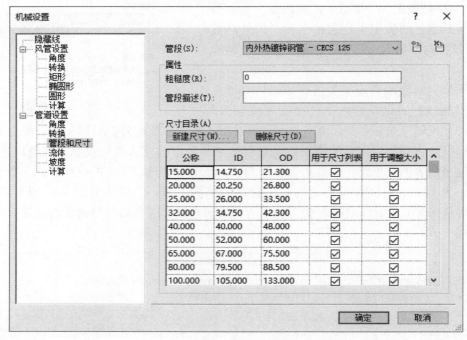

图 3.5-3　管段和尺寸

通过【属性】面板可以查看这些管道系统的颜色与系统缩写等信息，如果需要新增管道系统，需要先从已有的管道系统中复制一个新的系统，并对相应的参数进行设置。

这里以创建污水管道系统为例，首先在【属性】面板右键选择任意一种已有的管道系统类型，在弹出的对话框中选择"复制"命令，如图 3.5-5 所示，创建好新的管道系统后，将新创立的管道系统重命名为"污水系统"。这里需要注意的是，虽然管道系统的名称已修改，但是在此管道系统的类型属性中，它的系统分类还是属于最默认的 10 种管道系统之一，取决于从哪种默认系统复制的。

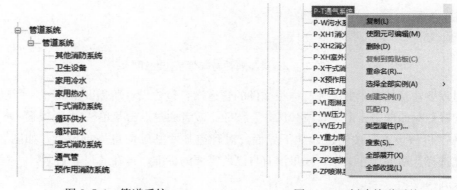

图 3.5-4　管道系统　　　　　　　　　图 3.5-5　创建管道系统

左键双击刚建好的系统类型，或鼠标右键选择"类型属性"，打开【类型属性】面板，点击图形替换中的"编辑"按钮，在【线图形】界面中修改污水系统管线显示的颜色及宽度，这里选择的颜色是"RGB 076-114-153"，选择的表达宽度为 13 号（线宽设置详见第 2 章）线宽，如图 3.5-6 和图 3.5-7 所示。

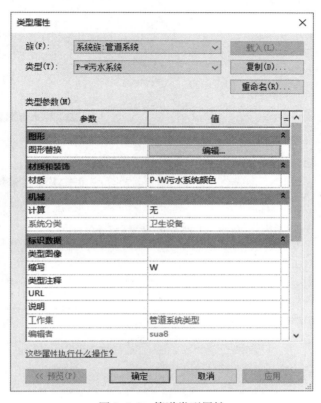

图 3.5-6　管道类型属性

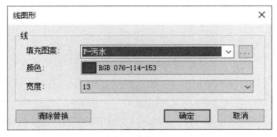

图 3.5-7　线图形

在【类型属性】面板，可以通过编辑材质的内容，修改污水系统的三维界面的显示颜色，这里选择与线图形相同的颜色即可，如图 3.5-8 所示。然后在缩写栏写上污水系统的系统缩写"w"，污水管道系统便基本建立完成了。

除了以上所需的步骤之外，还可以对管线的扣弯方式进行选择。将【类型属性】面板向下拉，在"上升/下降"模块对其进行编辑，如图 3.5-9 所示。在设计中，常用到的表达方式为单线模式。这里以单线模式为例，在"单线下降符号"中，可以选择"弯曲-整圆"的表达方式；在"单线上升符"号中，可以选择"轮廓"的表达方式，这两种表达方式符合实际设计图纸中的表达方式，如图 3.5-10 所示。

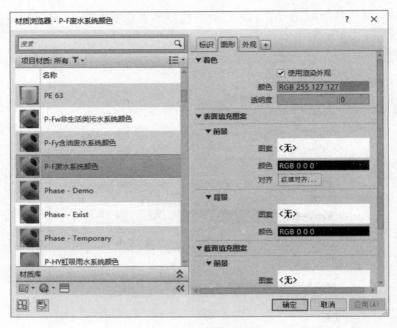

图 3.5-8 材质浏览器

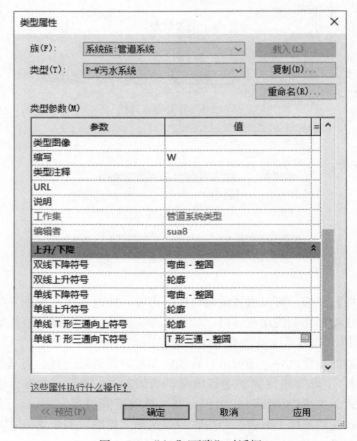

图 3.5-9 "上升/下降" 对话框

图 3.5-10　"选择符号"对话框

3.5.2　给水排水专业建模要点

1. 管道建模

管道的绘制为给水排水正向设计的基本操作。在绘制管道之前，选好所需绘制的管道族类型及系统类型，使用管道绘制命令在视图中直接绘制管道即可。需要注意的是管道的标高及坡度，保证管道标高在视图可见范围之内。在管道绘制完成后，可用标记族对所绘制的管道进行标注，如管道的系统缩写、管道的管径大小等。标注的内容根据设计的需要进行修改。

以绘制污水管道为例，点击菜单栏中"系统"➤"管道"按钮，或直接输入创建管道的快捷命令"PI"，如图 3.5-11 所示。

图 3.5-11　"管道"菜单

此时，菜单栏进入"修改|放置 管道"界面，这里选择好"自动连接""添加垂直""禁用坡度"，如图 3.5-12 所示，设置管道的直径、中间高程，如图 3.5-13 所示。

图 3.5-12　"修改|放置 管道"菜单

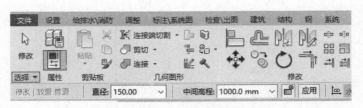

图 3.5-13 "修改 | 放置 管道"菜单

在【属性】对话框中，点击【属性】对话框中的"管道类型"栏。系统给出该族下的实例下拉菜单，可在其中选择所需的族实例，如图 3.5-14 所示，然后将鼠标移动到 Revit 图形区进行建模。

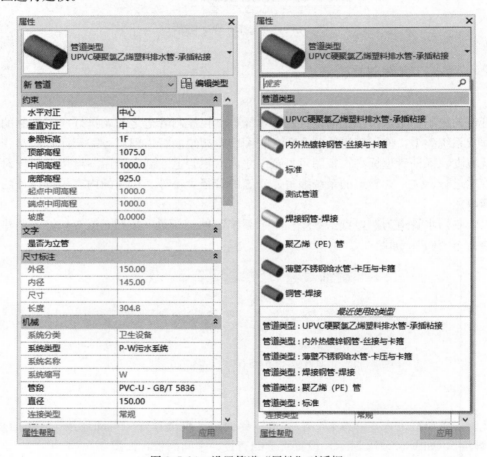

图 3.5-14 设置管道"属性"对话框

2. 管道附件与设备插入

在设计中有许多阀门附件和设备需要绘制。绘制之前，首先在模型中载入所需的管道附件族与设备族。在需要使用时，可在"项目浏览器"的"族"列表栏中搜索所需族的名称，如图 3.5-15 所示，使用"Ctrl＋F"命令将所搜索到的族拖入绘图区域即可。

在插入管道附件时，注意管道附件的二维表达方式是否符合设计所需，如果所选用的附件族的二维表达方式与国家制图标准不一致，要对族进行适当修改，如图 3.5-16 所示。

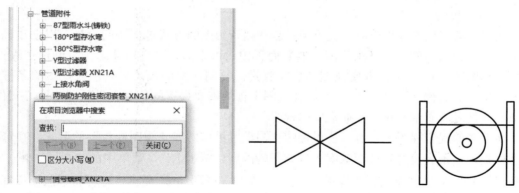

图 3.5-15 "项目浏览器"中搜索族　　　　图 3.5-16 "闸阀"的不同平面图例

3.5.3 专业间协同

1. 接收提资

给水排水专业与其他专业的协同方式分为两种模式，这在 3.1 节中已经提到：一种是机电专业均在同一个中心文件中协作；另一种是通过链接外部文件的协作方式。无论哪种协同，在正向设计中与各专业间的设计协同都应以"提资视图"的方式进行。

直接在软件中输入快捷键命令"VV"，调出【RVT 链接显示设置】对话框。在此对话框中选择"按链接视图"，在"链接视图"下拉菜单中选择建筑或其他专业提给水排水专业的提资视图，如图 3.5-17 所示。在链接的建筑中心文件中，选择建筑提供给机电专业的底图提资视图（在前期已要求建筑专业删除多余的标注信息），可用此视图进行设计工作。

RVT 链接显示设置

| 基本 | 模型类别 | 注释类别 | 分析模型类别 | 导入类别 | 工作集 |

○ 按主体视图(H)　　● 按链接视图(L)　　○ 自定义(U)

链接视图(K)：　楼层平面: 建提MEP-平面-01F

视图过滤器(W)：　<按链接视图>

视图范围(V)：　<按链接视图>

阶段(P)：　<按链接视图> (P01-此项目新建)

阶段过滤器(F)：　<按链接视图> (全部显示)

详细程度(D)：　<按链接视图> (中等)

规程(I)：　<按链接视图> (建筑)

颜色填充(C)：　<按链接视图>

对象样式(B)：　<按链接模型>

嵌套链接(N)：　<按链接视图>

图 3.5-17 提资视图链接显示设置

2. 发出提资

当需要给其他专业提资时，也可通过创建提资视图的方式进行协同设计。以创建提给建筑专业的视图为例。在【项目浏览器】面板中，可先通过"浏览器组织"创建"提资"一栏，如图 3.5-18 所示，方便视图的后期管理。复制作图的视图后，修改视图的名称为标准易识别的名称（详见 3.3 节），在此视图上标注需要提资的信息，最后同步中心文件，其他专业便可查看给水排水专业提供的视图。

在众多的提资视图中，有一些提资的视图设置可以做成"视图样板"的形式。在这些视图样板中，预先设置好视图深度、过滤器的内容，单击 Revit 菜单中的"视图"➤"视图样板"➤"从当前视图创建样板"，如图 3.5-19 和图 3.5-20 所示，即可将当前提资视图的设置存为模板。例如，在"水提建筑-消火栓 01F"的视图中，利用视图深度范围外的

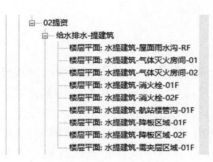

图 3.5-18　提资视图　　　　　　　　图 3.5-19　"视图样板"对话框

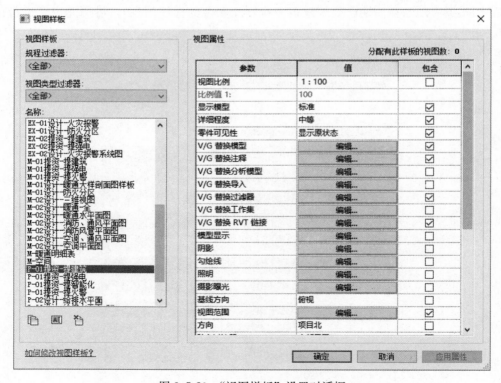

图 3.5-20　"视图样板"设置对话框

模型不能显示的原理，将视图深度的范围设定在消火栓箱体的安装高度范围内，以此作为消火栓提资的样板。

3.5.4　模型注释

给水排水专业图面常用的注释有引出标注、尺寸标注、管径标注等。Revit 软件本身自带的对于设备专业的注释功能较弱，往往需要第三方的软件进行辅助设计。这里以某种第三方软件为例，介绍所需的标注功能。

安装好插件以后，在菜单中点击"标注 \ 系统图"，进入标注子项菜单栏，如图 3.5-21 所示，在此菜单中，我们可以选择常用的标注功能，这里以标注"管上文字"为例。单中的"标注 \ 系统图"➤"管上文字"，进入子项菜单，如图 3.5-22 所示。

图 3.5-21　"标注 \ 系统图"菜单

根据需要，可以选择"点选标注"或"按系统标注"，这里我们可选择"按系统标注"，如果不自定义"文字设置"，管上的文字会显示为我们在管道系统设置的"系统缩写"文字。设置好后，点选需要标注的系统，"系统缩写"文字会按设置的间隔距离进行标注，如图 3.5-23 所示。

在"标注 \ 系统图"菜单中，还有"管径标注"（图 3.5-24）"引线标注"（图 3.5-25）等常用的注释功能。这些功能比 Revit 自带的注释功能完善许多。"管径标注"可选择有引线或无引线，还可根据需要修改标注前缀。"引线标注"可修改引出样式，多点标注。因篇幅有限，这里不一一介绍。

图 3.5-22　"管上文字"对话框

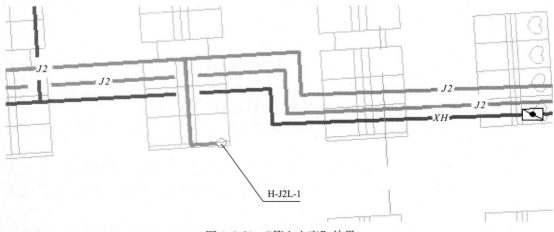

图 3.5-23　"管上文字"效果

图 3.5-24 "管径标注"菜单

图 3.5-25 "引线标注"菜单

3.6 电气专业正向设计

电气专业正向设计的主要内容包括电气专业模型设置、电气专业建模要点、专业间协同、模型注释等。

电气专业正向设计与其他机电专业正向设计相比有以下两个特点:

1. 专业协同方面,电气专业作为水暖专业的受资专业,在正向设计过程中需要接收水暖提出的资料。

2. 软件功能方面,在 Revit 平台软件中,电缆桥架没有与水暖系统类似的概念,无法通过系统功能系统划分电缆桥架,软件导线功能局限在电气理念和平面二维显示,导线没有三维实体。

完整的电气专业正向设计一般包括以下流程:链接的土建模型及提资资料➤确定电气

相关机房并提资给建筑专业➤接收土建、给水排水、暖通专业的提资➤电气设计建模➤标注出图。

3.6.1　电气专业模型设置

电气设计之前，需要在电气设置中对配线类型、电压、配电系统、电缆桥架尺寸、线管尺寸、负荷计算、配电盘明细表进行整体设置。

单击 Revit 菜单中的"系统"➤"电气"➤"电气设置"，打开"电气设置"的对话框，如图 3.6-1 所示。

图 3.6-1　电气设置示例

需要注意的是电压和配电系统设置，如果设置不正确，会出现无法创建电气系统的情况。

在 Revit 平台软件中，电气族类型主要有系统族和可载入族，系统族是已经在项目中预定义并只能在项目中创建和修改的族类型，电缆桥架和导线都属于系统族，因此需要在开始设计之前对桥架类型和导线类型进行初始设置。

1. 桥架类型设置

单击 Revit 菜单中的"系统"➤"电气"➤"电缆桥架"，在"属性"对话框中单击"编辑类型"按钮，如图 3.6-2 所示。

图 3.6-2　桥架菜单栏示例

虽然电气专业桥架类型与水暖专业水管、风管都为系统族，但桥架只有类型，没有系统。因此，仅需设置桥架类型，不用设置桥架系统，这使得桥架在视图控制方面没有水管、风管方便，需要通过视图过滤器的设置区分不同的电气系统桥架。

在实际操作中，一般不完全新建桥架类型，而是从 Revit 样板预设的常用桥架类型中选择相近的进行修改，应特别注意"电缆桥架"类型与"电缆桥架配件"一一对应，如图 3.6-3 和图 3.6-4 所示。

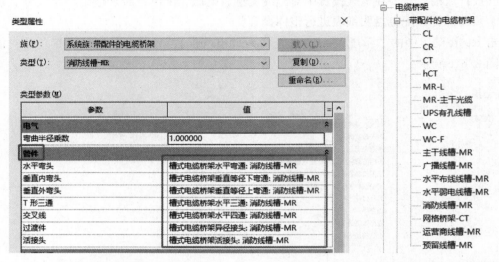

图 3.6-3　桥架类型与桥架配件一一对应示例　　　　图 3.6-4　常用强弱电桥架类型示例

2. 导线类型设置

在 Revit 软件中导线也属于系统族，导线样式需预先设置。Revit 软件中的导线是一类很特殊的构件，与电气设备有逻辑连接关系，由于导线只有二维线条，没有三维实体，因此仅在平面视图中可见。

单击 Revit 菜单中的"系统"➤"电气"➤"导线"。在"属性"对话框中单击"编辑类型"按钮，如图 3.6-5 所示。

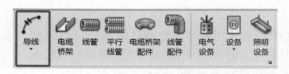

图 3.6-5　导线菜单栏示例

根据电气平面图绘图习惯，不同的导线一般采用不同的线型，如照明平面图中普通照明线为实线，应急照明线为虚线。值得注意的是，为方便对线型的管理，各专业应建立和使用各自的线型，如图 3.6-6 所示。因此，需在导线预设时新建对应的线型图案，注意不要使用公共线型图案，以免被其他团队成员误改。

电气平面视图中不同导线交叉时，为使平面表达更清晰，上层导线对下层导线有遮挡，位于下层的导线会出现断开的显示状态。因此，需要使用 3.6 节中的"电气设置"设定导线的隐藏线，如图 3.6-7 所示，配线交叉间隙一般为 1～2mm，可根据出图比例大小而调整。需要特别注意的是，配线交叉间隙效果在电气规程中使用，而在其他规程中显示无效。

名称	可见性	投影/表面			截面		半色调
		线	填充图案	透明度	线	填充图案	
【E】一般照明	☐						☐
【E】应急照明	☐						☐
【E】电力	☐						☐

图 3.6-6　导线线型设置示例

图 3.6-7　电气隐藏线设置示例

另外，同一系统的电气导线的颜色、线宽和导出图层名称应保持一致，因此，根据这些要求设置不同的电气视图样板，既可以一次设置重复使用，大幅提高设计效率，又可以标准化电气视图，保持各平面统一。电气样板设置将在下一节详细讲述。

3. 电气样板设置

（1）电气样板一般规定

电气样板以预设样板文件为基准，各工作文件通过"管理"➤"传递项目标准"的方式获得，各中心文件电气样板保持一致，设计人员不得随意更改电气样板，以免影响其他同事的绘图视图；如需临时创建电气样板，则要在项目中另存样板且添加姓名，并联系专业负责人管理临时电气样板，电气样板命名示例如图 3.6-8 所示。

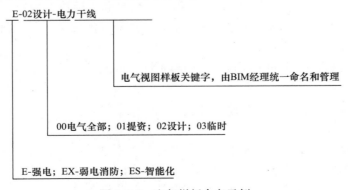

图 3.6-8　电气样板命名示例

（2）电气样板管理

点击"视图"➤"视图样板"➤"视图样板管理"，可看到当前文档里的所有视图样板，在此可修改或新建，如图 3.6-9 所示。

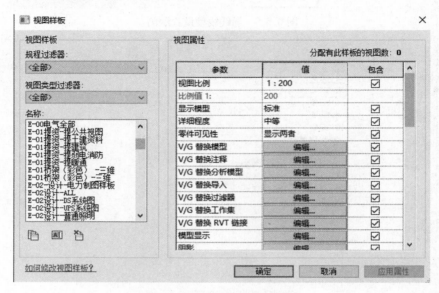

图 3.6-9　视图样板管理示例

（3）电气样板可见性控制

可见性控制是电气样板中最重要的设置，其中的关键是模型类别和过滤器两项，需要特别注意的是，视图过滤器的优先级更高，可以对构件进行细分类别的设置。

模型类别的设置原则是仅保留土建模型和本系统所需的构件，其余构件不打勾。不同系统的平面图设置要求不一致，如图 3.6-10 和图 3.6-11 所示。

过滤器是根据特定的规则对特定的构件进行"可见性"设置，如前所述，电缆桥架并不像水管、风管在创建系统时可以设置系统的线型和颜色，而只能通过"过滤器"设置各电缆桥架的"线型""颜色"及"填充图案"，因此过滤器是电气样板中非常重要的设置。

点击"视图"➤"过滤器"，新建、复制、删除过滤器，选择过滤器类别和设置过滤器规则。Revit 过滤器常用可选字段有族名称、类型名称、设备类型等，过滤器常用逻辑关系有：包含、不包含、等于、大于、小于等，过滤器可添加多个判别条件，多个条件间可用与、或的关系，如图 3.6-12 所示。

电气图纸平面较多，不同平面显示的内容不同，因此，不同平面需设置和应用不同的过滤器：

（1）照明平面（显示灯具、插座、导线、照明配电箱等，不显示风机、水泵、动力设备等）。

（2）动力平面（显示风机、水泵、动力设备等，不显示灯具、插座等）。

（3）火警平面（显示火警设备、防烟防火阀、消火栓、消防风机、报警阀、消防泵、防火门、广播等，不显示灯具、插座、通信设备、安防设备等）。

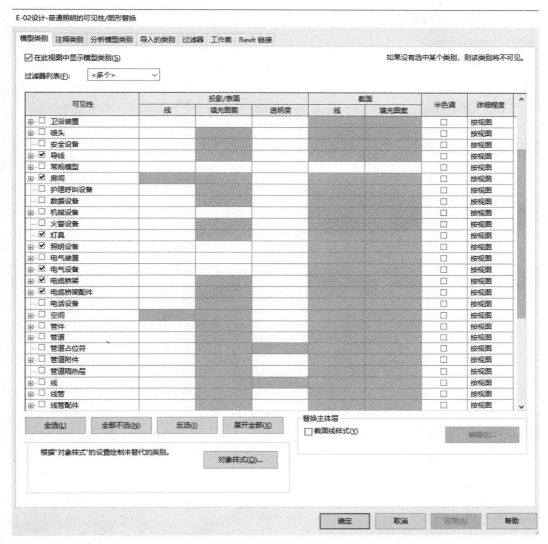

图 3.6-10 照明系统模型类别示例

（4）智能化平面（显示通信设备、安防设备、桥架等，不显示火警设备、灯具、插座、动力设备等）。

（5）机房大样（显示配电箱、配电柜、桥架等）。

3.6.2 电气专业建模要点

电气设备、灯具、火警设备、通信设备、安全设备的电气建模，可以直接通过"系统"➤"电气"将设备添加到相应视图中，电气建模菜单如图 3.6-13 所示，根据设备安装位置选择布置在水平面或者垂直面上。

布置桥架时需要注意桥架类型、水平对正方式、参照标高、偏移和桥架尺寸。各平面视图（如电力、照明、插座、火警平面图等）的显示方式可以通过视图样板统一设置，应用到各楼层平面。

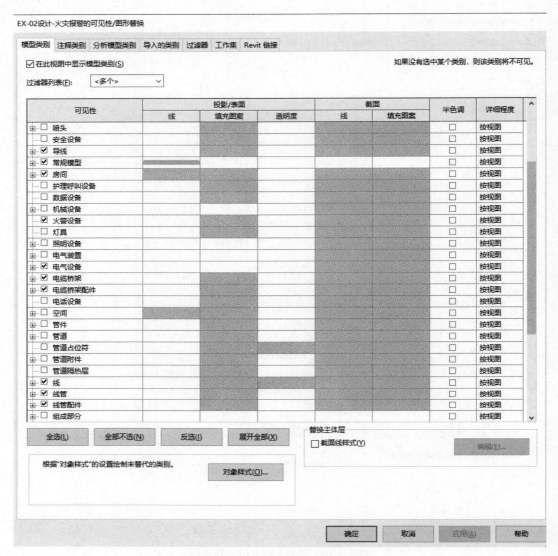

图 3.6-11 火警系统模型类别示例

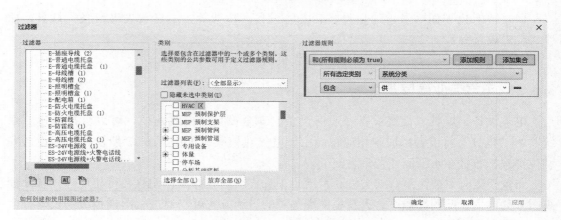

图 3.6-12 过滤器设置示例

图 3.6-13　电气建模菜单示例

在 BIM 正向设计中，为了提高设计图纸的准确性，减少后期变更，我们在进行桥架建模时，不能只单纯考虑二维平面的走向，还必须考虑其与三维空间的关系，尤其是对于一些复杂区域，如变配电房出口、电井出口、外电进入户内的预留洞区域等，要利用 BIM 可视化的优点，将二维与三维结合，保证设计的准确性。

在电气建模过程中需要注意以下要点：

（1）竖向的电缆桥架建模设计要保持其"完整性"。

（2）不同系统的电缆桥架建模时避免误连。

（3）建模时注意构件的标高参数，避免构件在三维空间位置错误。

3.6.3　专业间协同

电气正向设计模式要求各专业之间在模型中协同配合，整体推进，专业之间协同设计是 BIM 正向设计的关键，也是与传统 CAD 设计区别较大的环节。其中，专业间协同的重要内容是专业间的模型/视图互用，表 3.6-1～表 3.6-5 为电气正向设计中电气与建筑、结构、暖通空调、给水排水等专业之间的协同内容要求和表达要求。

电气与建筑之间的协同内容要求和表达要求　　　　　　　　　　　表 3.6-1

协同关系	内容要求	表达要求	备注
建筑提电气	主要技术经济指标，建筑的层数、建筑高度等项指标，建筑性质	设计说明（CAD，WORD）或项目参数（BIM）	
	总平面图	CAD 或 BIM	
	标高轴网	BIM	建筑单独创建标高轴网文件，建筑、结构、机电中心文件复制监视该标高轴网文件
	建筑内部的交通组织：普通电梯、扶梯，消防电梯，电梯机房等	明细表（BIM）	电梯模型可添加电梯的吨位、速度等参数
	各层平面图：房间名称、房间面积、防火门（常开、常闭）、电动车位、防火卷帘、排烟窗、电梯、自动扶梯及步道、楼梯位置和楼梯、坡道上下方向示意、洞口	提资视图（BIM）	提资视图中建筑专业容易遗漏标高标注
	防火分区，消防疏散示意	出图视图（BIM）	注意视图比例
	剖面图、立面图	出图视图（BIM）	如电气出图，需参照建筑剖面、立面，需要提资视图
	节点大样	出图视图（BIM）或 CAD	如电气出图，需参照建筑节点大样，需要提资视图

续表

协同关系	内容要求	表达要求	备注
电气提 建筑	变配电室、柴油发电机房等强电机房：位置、尺寸、层高要求、设备布置	提资视图（BIM）	主机房设备应有三维模型
	弱电进线间、消防控制室、网络机房等弱电机房：位置、尺寸、层高要求、设备布置	提资视图（BIM）	主机房设备应有三维模型
	电井：位置、尺寸、开洞、设备布置	提资视图（BIM）	电井内主要设备应有三维模型
	特殊要求的功能用房	提资视图（BIM）	
	设备吊装孔及运输通道	提资视图（BIM）	
	缆线进出建筑物位置、主要敷设通道	三维视图（BIM）	桥架、母线槽应建立三维模型

电气与结构之间的协同内容要求和表达要求 表 3.6-2

协同关系	内容要求	表达要求	备注
结构提 电气	结构设计说明：结构形式	CAD、WORD 或 BIM	
	基础平面图	CAD 或 BIM	
	梁板柱墙等结构平面布置，主梁、次梁高度	提资视图（BIM）	注意模型中结构梁的视图范围
	结构缝的位置及宽度	提资视图（BIM）	
电气提 结构	变配电室、柴油发电机房等强电机房：位置、荷载、设备布置	提资视图（BIM）	主机房设备应有三维模型
	弱电进线间、消防控制室、网络机房等弱电机房：位置、荷载、设备布置	提资视图（BIM）	主机房设备应有三维模型
	设备基础、吊装及运输通道的荷载	提资视图（BIM）	主机房设备应有三维模型
	电井：位置、开洞、设备布置	提资视图（BIM）	电井内主要设备应有三维模型
	有特殊要求的功能用房	提资视图（BIM）	

电气与暖通空调之间的协同内容要求和表达要求 表 3.6-3

协同关系	内容要求	表达要求	备注
暖通提 电气	暖通设计说明：空调系统形式及控制要求	CAD、WORD 或 BIM	
	空调系统： 设备名称、位置、用电量、电压、控制方式	提资视图（BIM）	设备信息应写入设备族中
	通风系统： 设备名称、位置、用电量、电压、控制方式	提资视图（BIM）	设备信息应写入设备族中

续表

协同关系	内容要求	表达要求	备注
暖通提电气	防排烟系统： 设备名称、位置、用电量、电压、控制方式	提资视图（BIM）	设备信息应写入设备族中
	电动阀、电磁阀、风口、微压差开关、挡烟垂壁、与火警联动相关的设备、与楼控相关的设备：平面位置、控制方式	提资视图（BIM）	设备信息应写入设备族中
	主要管道敷设路由：平面位置、管道尺寸	三维模型（BIM）	设备信息应写入设备族中
电气提暖通	电气主要机房：位置、设备布置、发热量柴发容量、进排风量、排烟量	提资视图（BIM）	主机房设备应有三维模型
	电缆桥架、母线敷设路由	三维模型（BIM）	
	暖通机房电气柜位置	三维模型（BIM）	

电气与给水排水之间的协同内容要求和表达要求　　　　　　表 3.6-4

协同关系	内容要求	表达要求	备注
给水排水提电气	给水排水设计说明：系统形式及控制要求、室外消防用水量	CAD、WORD或 BIM	
	消防泵、生活水泵、潜水泵、雨水处理设备、隔油设备、冷却塔设备等主要给水排水设备：设备名称、位置、用电量、电压、控制方式	提资视图（BIM）	设备信息应写入设备族中
	消火栓、水流指示器、水炮、报警阀、信号阀等与火警联动相关设备、与楼控相关的设备：设置位置、控制要求	提资视图（BIM）	
	水池、水箱、气压罐：设置位置、控制要求	提资视图（BIM）	
	电热水器、小厨宝、卫生间感应开关：平面位置、用电量、电压，主要管道敷设路由：平面位置、管道尺寸	提资视图（BIM）	设备信息应写入设备族中
		三维模型（BIM）	
电气提给水排水	电气主要机房：位置、设备布置	提资视图（BIM）	主机房设备应有三维模型
	桥架、母线敷设路由	三维模型（BIM）	
	给水排水机房电气柜位置	三维模型（BIM）	

强弱电之间的协同内容要求和表达要求　　　　　　表 3.6-5

协同关系	内容要求	表达要求
强弱电	强电提弱电：需 BA 控制的配电箱，切非消防点位，防火卷帘、排烟窗、挡烟垂壁控制箱	提资视图（BIM）
	弱电提强电：需要供电的设备，点位	提资视图（BIM）
	桥架、母线敷设路由	三维模型（BIM）

电气正向设计应遵从设备的唯一性原则，例如，暖通专业设计一台风机，并赋予这台风机相应的参数，电气专业可直接利用这台风机及其参数进行配电和控制。这台风机在模型中具有唯一性，这样可以确保它在不同图纸上的信息是一致的，即使不断更新迭代，所有引用都可以同步进行。

3.6.4 模型注释

在放置电气设备的同时，可以放置标记，也可以取消放置标记。电气标记可以标记配电箱、桥架尺寸、线路，可以在族环境下通过"编辑标签"命令更改显示标签信息。软件支持尺寸标注，用来确定电气设备的安装位置，并锁定相对位置关系，当建筑条件调整时，电气设备自动作出相应调整。

3.6.5 其他

1. 创建图纸

电气模型创建完成后，根据平面视图创建二维图纸，图纸标签可以使用族编辑器修改

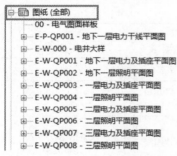

图 3.6-14 创建电气图纸示例

编制，也可以从其他 CAD 图纸导入。从电气模型中生成的明细表、剖面视图、局部三维视图等放在图纸中，视图范围较大的项目可将一个视图分割为多个部分，布置于多张图纸上，创建电气图纸如图 3.6-14 所示。

2. 明细表

Revit 平台中的明细表功能可以对模型中的设备数量、规格进行统计，电气专业常用的明细表包括空间照明分析明细表和照明设备明细表等。明细表支持自定义统计类型和表格样式，可导出报告，用于数据的进一步传递。图 3.6-15 和图 3.6-16 给出了两个明细表示例，分别是空间照明分析明细表和照明设备明细表。

图 3.6-15 空间照明分析明细表示例

3. 电气分析

电气建模完成后，开始创建系统回路。配电系统选择"220/380 星形"形式，如果选

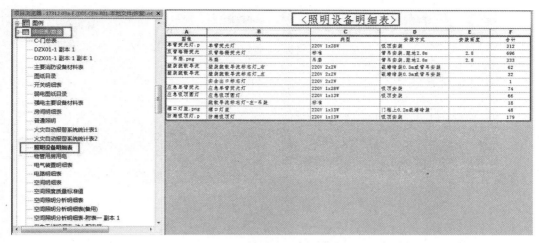

图 3.6-16 照明设备明细表示例

项卡中没有出现可选择的配电系统，说明电气设置中的"配电系统"没有与该配电盘的电压和级数相匹配的项。这时要检查配电盘连接件设置中的电压和级数，或是在电气设置中添加与之匹配的"配电系统"。

选中区域里的一个回路设备，单击功能区的"电力"，直接选中绘图区域的配电盘创建回路。回路中所选的配电盘必须事先指定配电系统，否则在系统创建时无法指定该配电盘。当线路逻辑连接完成后，可以为线路布置永久配线即布置导线。在每次回路创建时，自动生成导线，当自动生成的导线不能完全满足设计要求时，可以手动调整导线。

在 Revit 中定义好各空间类型及其照度标准值，布置灯具时就可以自动计算房间照度和 LPD 值，实时反映房间照度和 LPD 的大小，利用系数法在 BIM 电气设计中自动计算照度（图 3.6-17），空间照度及效果模拟如图 3.6-18 所示。

图 3.6-17 利用系数法在 BIM 电气设计中自动计算照度示例

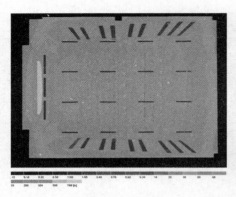

图 3.6-18　空间照度及效果模拟示例

3.7　暖通空调专业正向设计

暖通空调专业 BIM 正向设计的主要内容包括系统的设置、样板文件选择、风管系统绘制、水系统绘制、协同方式及专业间提资、图面标注、图纸建立等。

3.7.1　暖通空调专业模型设置

在进行暖通空调专业正向设计之前，需要设置项目模型，这些设置影响设计建模本身，也影响后续的出图，其中比较重要的是风管和管道系统设置、布管配置和视图样板设置。

1. 风管及管道系统设置

暖通空调专业常用系统族为风管系统和管道系统，其设定内容包括名称和类型属性，颜色选择与设计团队常用的 CAD 设定一致，宽度选择无替换，材质选择对应材质，为了后续标记使用，缩写可与 CAD 设定一致，如图 3.7-1 所示。

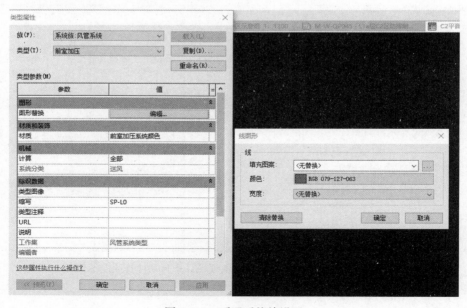

图 3.7-1　暖通系统族设置

风管系统和管道系统常用设置如图 3.7-2 所示。

图 3.7-2　暖通风管系统和管道系统常用设置

在机械设置的风管设置中，可预定义风管尺寸规格（图 3.7-3）。

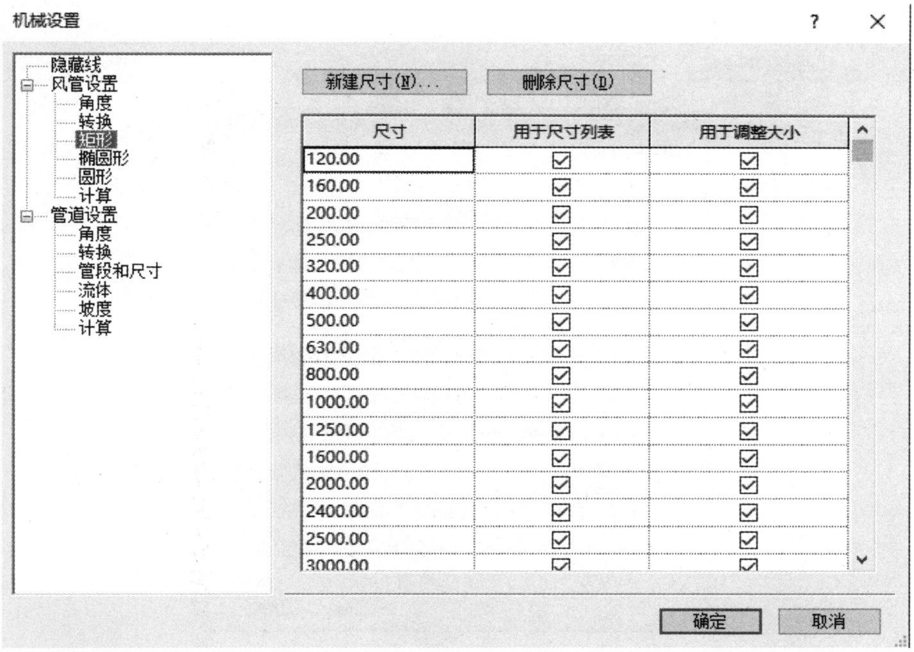

图 3.7-3　预定义风管尺寸规格

2. 布管系统的配置

开始绘制风管前，应当为将放置的风管类型指定布管系统配置，以匹配实际的项目。对该类型的风管构件进行设置，配置风管的管件主要分为以下 6 类：弯头、连接（三通）、四通、过渡件、接头、偏移。如果一种连接类型需要多种规格管件，可载入添加多个管件族，并调整优先级，如图 3.7-4 所示。

3. 暖通视图样板设置

暖通视图样板规程属于"机械"，设计人员在不同的平面视图中根据需求选用不同的视图样板，以统一项目中不同种类视图的显示样式。

暖通空调专业视图分为设计、提资、出图等类型，其中设计类视图根据出图内容分为

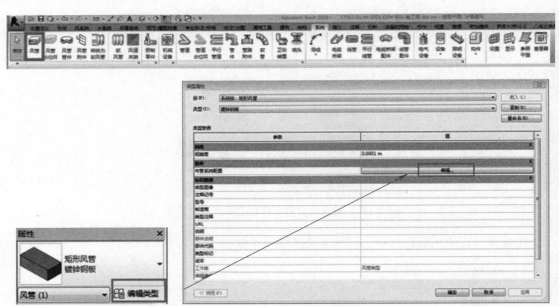

图 3.7-4　风管布管系统配置

消防、通风、空调及通风、水平面图等，主要通过设置视图样板控制其显示的不同，以满足不同分类视图的图面现实要求，如图 3.7-5 所示。

如遇到特殊视图要求，可新增和调整相关样板。

暖通的出图视图样板以"M-02-消防风管平面图"为例，其过滤器基础设置如图 3.7-6 所示。

4. 其他设置

暖通空调专业正向设计出图在样板中还需设置一些内容，包括线宽、材质、线型图案等。

（1）线宽

暖通空调专业相关模型对象在样板的可见性/图形替换-模型类别中选定，预设不同的线宽号数，以在图面上显示不同的粗细，设置数值如图 3.7-7 所示。

图 3.7-5　暖通视图样板设置名称

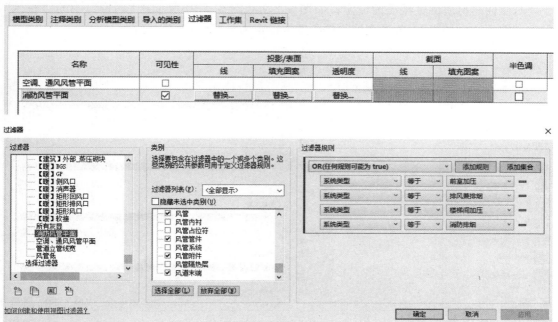

图 3.7-6　暖通视图过滤器设置

（2）材质

暖通空调专业风管系统和水管系统可在类型属性中设置材质，如图 3.7-8 所示。

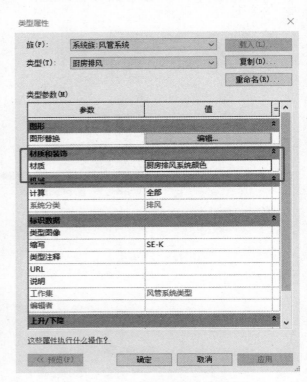

图 3.7-7 暖通线宽设置

图 3.7-8 暖通风管系统材质设置

材质通过材质浏览器提前设定，如图 3.7-9 和图 3.7-10 所示。"图形"中的"着色"勾选"使用渲染外观"。各类型填充颜色通常设定为与 CAD 颜色一致。

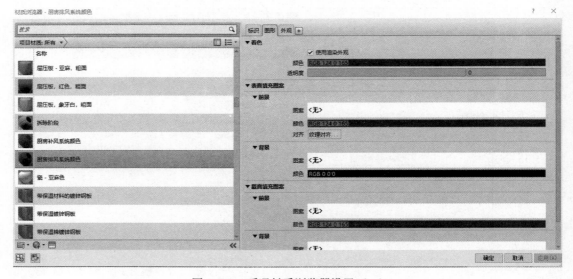

图 3.7-9 暖通材质浏览器设置（一）

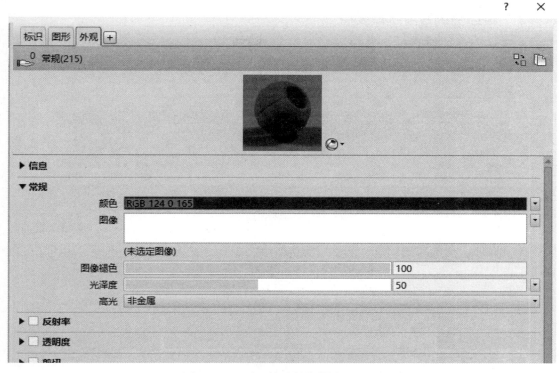

图 3.7-10　暖通材质浏览器设置（二）

（3）线型图案

暖通空调专业模型对象所用线型选定一些默认的已有线型，如"实线""隐藏线""中心线"等。以风管为例，线型图案设置如图 3.7-11 所示。

风管	5		■ 黑色	实线	
—中心线	1		■ 黑色	中心线	
—升	1		■ 黑色	实线	
—降	1		■ 黑色	隐藏 1.5	
风管内衬	5		■ 黑色	隐藏	

图 3.7-11　暖通风管的线型图案

也可根据项目需要，增加暖通空调专业其他类型线样式，部分样式如图 3.7-12 所示。

类别	线宽	线颜色	线型图案	
	投影			
【暖通】MEP 隐藏	1	■ 黑色	隐藏0.5	
【暖通】大样引出线	1	■ 紫色	Dash Dot 3/16"	
【暖通】提资线	4	■ 红色	实线	

图 3.7-12　部分暖通线样式设置

3.7.2　暖通空调专业建模要点

1. 风管建模

在平面视图、立面视图、剖面视图和三维视图中均可绘制风管，点击风管绘制，如图 3.7-13 所示。

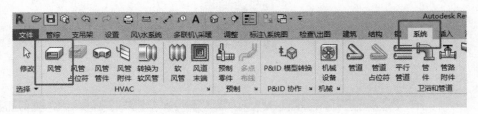

图 3.7-13　绘制风管按钮

A. 选择风管类型。在风管"属性"对话框中选择所需要绘制的风管类型，如图 3.7-14 所示。

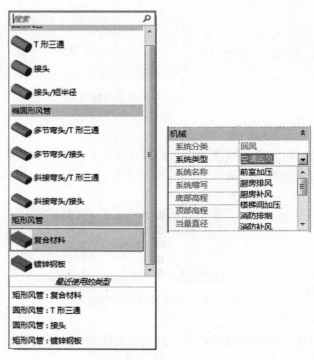

图 3.7-14　选择风管类型

B. 选择风管尺寸。在风管"修改|放置风管"选项栏"宽度"或"高度"的下拉按钮中选择"机械设置"设定的风管尺寸。如果在下拉列表中没有需要的尺寸，可以直接在"宽度"和"高度"中输入需要绘制的尺寸。

C. 指定风管偏移。默认"偏移量"是指风管中心线相对于当前平面标高的距离。在"偏移量"选项中单击下拉按钮，可以选择项目中已经用到的风管偏移量，也可以直接输入自定义的偏移数值，默认单位为毫米。

D. 指定风管起点和终点。将鼠标移至绘图区域，单击鼠标指定风管起点，移动至终点位置再次单击，完成一段风管的绘制。继续移动鼠标绘制下一管段，风管将根据管路布局自动添加于"类型属性"对话框中预设好的风管管件。绘制完成后，按"Esc"键或者右击鼠标，单击快捷菜单中的"取消"，退出风管绘制命令，如图 3.7-15 所示。

2. 风口放置

通过选择不同类型的风道末端族，定义尺寸大小，设定贴附或者一定的偏移量，自动与管道相连接，如图 3.7-16 所示。

3. 附件/管件放置

在平面视图、立面视图、剖面视图和三维视图中均可放置风管附件。

单击"常用"➤"风管附件"，在"属性"对话框中选择需要插入的风管附件，插入风管中。也可以在项目浏览器中展开"族"➤"风管附件"，选择"风管附件"下的族，直接拖到绘图区域，如图 3.7-17 和图 3.7-18 所示。

4. 暖通水管绘制

建模方法可参照给水排水设计建模方法。但暖通水系统的相关命名应依据暖通专业相关标准指定。

5. 机械设备放置

在楼层平面视图、三维、剖面视图中皆可放置机械设备，下面以风机为例说明放置方法及注意点。

通过"插入"➤"载入族"，可在目标文件夹中选择合适的风机族载入项目中。未载入的风机族直接从文件夹中拖拽进项目。已载入的风机族可通过布置"机械设备"，选择所需的风机族放入项目，或通过项目浏览器拖拽进项目模型。

所有风机族的风机接管处，系统分类设置均为全局。使用时需要选择正确的风管系统类型。当选取的风管类型灰显无法修改时，可单击"Ecs"键，重新选择系统类型，再将风管连接到风机的风管连接件上，如图 3.7-19 所示。

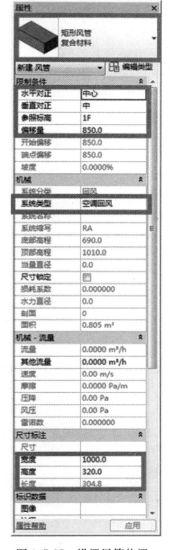

图 3.7-15　设置风管位置、系统及大小

图 3.7-16　风道末端按钮

图 3.7-17　风道管件和风管附件放置（一）

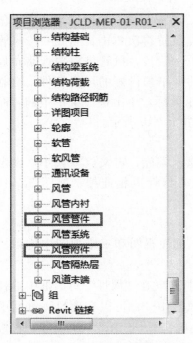

图 3.7-18　风道管件和风管附件放置（二）

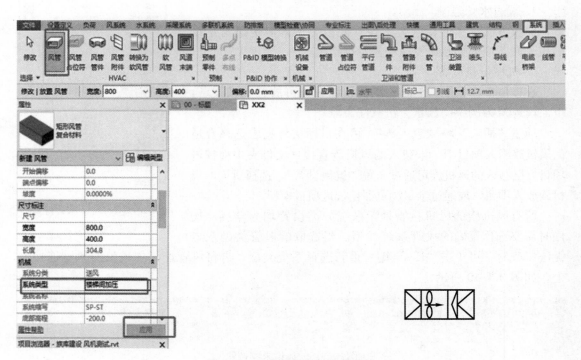

图 3.7-19　机械设备与风管连接

　　轴流、混流风机默认接管方式为风管中心连接。当标高受限，需要偏心连接时，可调节以下参数。如图 3.7-20 所示。

　　离心风机默认接管方式亦为风管中心连接。当标高受限，需要偏心连接时，可调节参数，适当加减相应的偏移量，如图 3.7-21 所示。

使用吊顶式换气扇时应初步放置设备，选择合适的风管系统，拉出风管，调节风管标高，然后调节以下参数，确定换气扇风口的高度。计算参数时风管标高取中心标高，如图 3.7-22 所示。

图 3.7-20　轴流、混流风机
风管偏心连接设置

图 3.7-21　离心风机风管
偏心连接设置

图 3.7-22　吊顶式换气扇
风管标高

放置风机后，右击设备的风管/水管连接件，开始绘制设备相接的管道（图 3.7-23）。

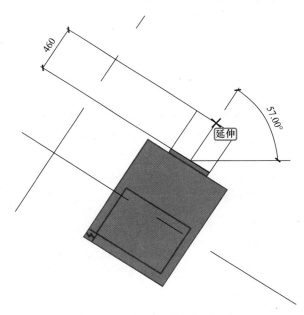

图 3.7-23　绘制设备相接的管道

风机属性栏框内参数（系统编号、风量、功率等）根据设计手动输入，其数据可与参数化标注族联动，自动读取数据一键标注，无需再次手动填写，如图 3.7-24 所示。

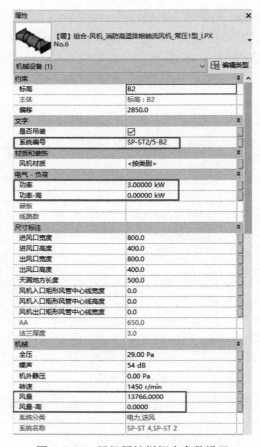

图 3.7-24　风机属性栏框内参数设置

3.7.3　专业间协同

暖通空调向其他专业的提资视图主要通过不同的提资样板设置以区分视图，以暖通的提资视图样板"M-01 提资-提强电"为例，其过滤器基础设置如图 3.7-25 所示。

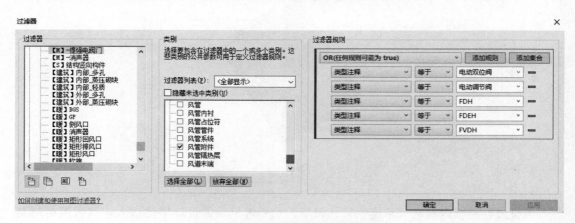

图 3.7-25　暖通提资样板过滤器设置

通过"过滤器"设置，在过滤器规则中添加"提强电阀门"关键词，从而在当前项目中筛选出所有的暖通提资强电阀门，进而控制其视图的可见性。按照相同方式，可通过"提弱电阀门"实现项目中提弱电阀门筛选等自定义功能。

以上为基础设置举例，过滤器的设置还需根据不同项目的特点修改和增补，以达到视图要求。

3.7.4　模型注释

暖通图面表达内容包括注释符号、标记以及提资等。

注释符号族与其他族并不关联，可表达一些符号或者说明文字。

标记族可读取对象族上的信息并显示在视图中，部分标记需要手动填写信息。标记族的信息与族上的信息通过参数标签互通，因此也可以通过标记内填写的方式对族上的信息进行设置。

标记族根据对象不同分为不同的类别，比如机电设备标记、风管附件标记等。使用过程中需要对不同的对象类别进行标记，其在项目族中归属于族-注释符号类别。

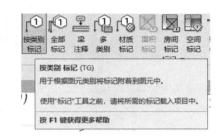

使用标记族的通用使用方法有以下三种。

（1）第一种：注释-按类别标记，可根据图元类别将标记附着到图元中，如图 3.7-26 所示。

（2）第二种：在属性栏中调取注释符号分类下的标记，为选定的单个图元进行标记。

（3）第三种：标记所有未标记对象，选择至少一个类别和标记或者符号族标注未注释的对象，如图 3.7-27 所示。

图 3.7-26　按类别标记

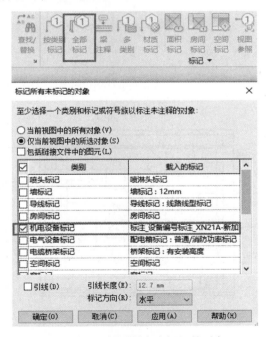

图 3.7-27　标记所有未标记的对象

3.7.5 其他

1. 大样视图

利用 BIM 图纸和模型联动性，可在平面视图中放置剖面符号，自动生成剖面大样图，提高设计效率和质量（图 3.7-28），也可利用三维模型生成局部三维视图，如图 3.7-29 所示。

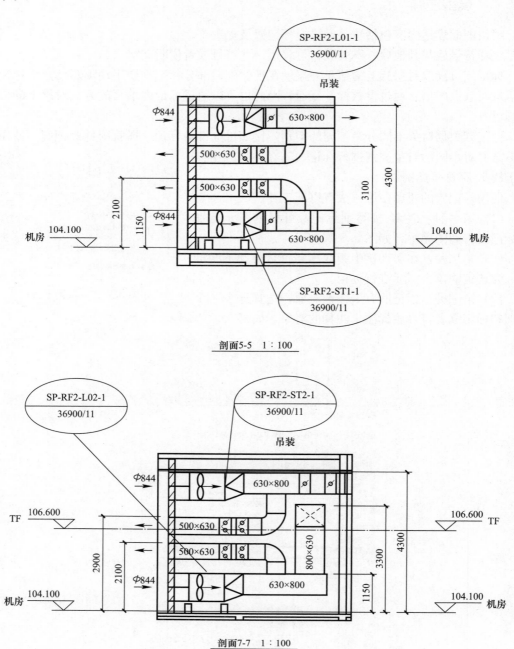

图 3.7-28 剖面大样视图

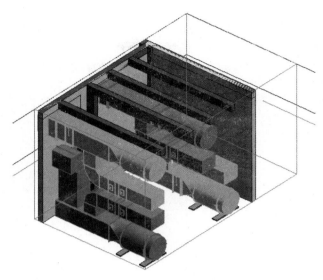

图 3.7-29　局部三维示意图

2. 图纸建立

暖通模型创建完成后，根据视图创建不同尺寸的二维图纸，图框为图框族，项目信息可自动读取建筑中心文件传递过来的项目共享参数信息，图名、设计人员、图别、版本号等信息在图框族属性栏里填写，自动反映到图框内。

从暖通模型中生成的明细表、剖面、局部三维视图等可放置在同一图纸中。

在图纸区选择图纸图框后，填写图纸标题，包括"数量"和"名称"，添加图框内的视图，如图 3.7-30 所示。

暖通空调专业的图纸类别所属为"设施"，通过建立图纸后的类别选择，如图 3.7-31 所示。

图 3.7-30　图纸标题设置

当需要导出 dwg 格式图纸时，暖通空调专业可选择相应的导出样板，以区分其他机电专业出图设置，其中各图层名称及颜色 ID 对应于 CAD 相关规定，以保障导出 dwg 格式的文件图面效果，如底图 8 号色淡显等，其对应设置可参考图 3.7-32。

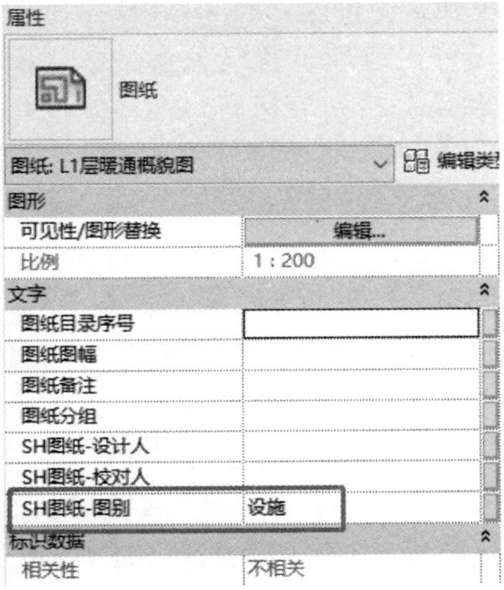

3. 明细表

暖通空调专业明细表通常采用的命名为"M-暖通明细表"。

预设置的明细表包括提资和设备类，可预置包括以下几种，如图 3.7-33 所示。

明细表在设计过程中可用于即时辅助设计，例如，用提资强电设备明细表设定字段（如系统编号、标高、功率、电压等），以表格的形式统计相应信息（图 3.7-34）。

图 3.7-31　图别设置

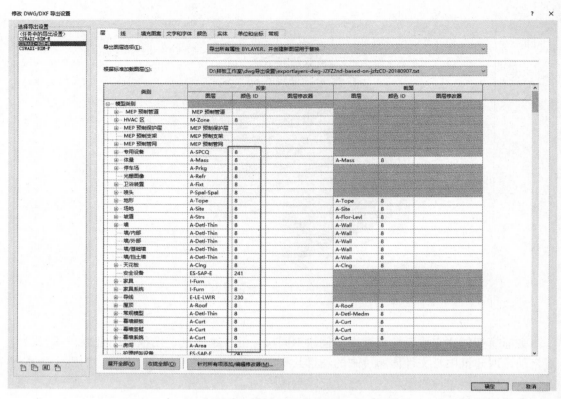

图 3.7-32 导出 dwg 设置

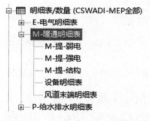

图 3.7-33 明细表设置类型

设定格式、外观等控制其显示样式。

4. 性能化分析

在 BIM 正向设计过程中，BIM 建筑信息包括几何信息（形状、空间、房间类型、布局）、围护结构热工性能信息、建筑内空间形式等。

建筑性能化分析通过软件数据的传递，将 BIM 模型中的已有信息加上其他设定参数（包括地理位置气象参数、太阳路径和风环境信息等），依托软件内置的数值求解工具，利用分析引擎运行，在一定的计算域内进行建筑性能化分析的相关类型模拟，预期各种性能表现，减少设计不断验证与优化的响应周期，从而在整体上提升了 BIM 暖通正向设计的效能。

机电相关的 BIM 模拟分析包括以下几种类型：

（1）室内自然通风环境模拟

通过模拟出的人员活动区域等典型剖面层的风速分布云图或者矢量图，分析自然通风情况下的室内气流组织是否合理，不同房间布局方案下的开窗大小位置是否合理，室内平均空气龄是否更小，室内空气是否更新鲜，自然通风效果是否达到相关标准的规定。

分析效果如图 3.7-35 所示。

使用软件：PHOENICS、DesignBuilder、鸿业性能化分析软件、Grasshopper＋Butterfly、Rwind、FLUENT、Autodesk Simulation CFD。

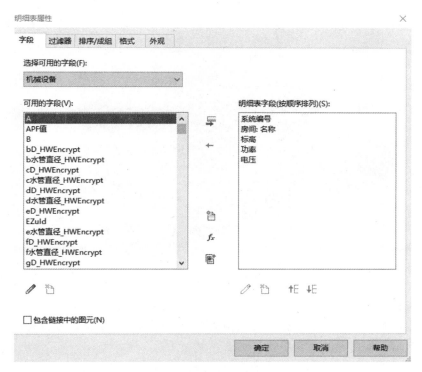

图 3.7-34 明细表设置字段

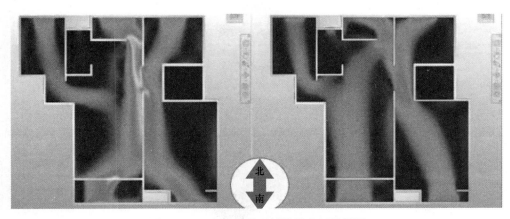

图 3.7-35 室内自然通风模拟分析效果图

（2）室内机械通风模拟

模拟出室内机械通风情况下，室内空间的气流组织的分布图与速度矢量图，判断机械通风口位置、风速等参数设计是否合理，是否能使室内人员活动区域或其他特定区域满足舒适度和工艺要求。尤其对于室内高大空间等气流组织复杂区域，或者舒适度要求高的空间，需要该模拟进行一定的设计验证。

分析效果如图 3.7-36 所示。

使用软件：PHOENICS、DesignBuilder、鸿业性能化分析软件、Grasshopper＋Butterfly、FLUENT、Autodesk Simulation CFD。

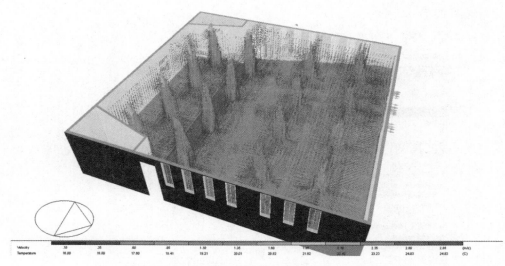

图 3.7-36　室内机械通风模拟分析效果图

（3）室内热环境模拟

通过对室内热边界条件的设定，模拟出人员活动区域等特定区域温度场的分布图，分析室内任意区域的温度是否满足舒适性或者工艺要求。

分析效果如图 3.7-37 所示。

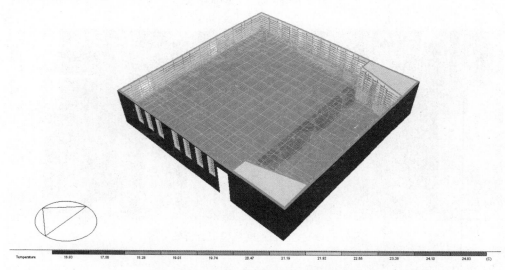

图 3.7-37　室内热环境模拟分析效果图

使用软件：DesignBuilder、Ecotect、鸿业性能化分析软件、FLUENT。

（4）建筑全年负荷计算及能耗模拟

分析意义：

通过模拟全年逐时负荷计算，生成包括空调系统、办公电器、照明系统在内的各项能耗逐时值、统计值、能耗结构柱状图、饼状图等。用于不同空调系统形式与不同围护结构热工性质下（保温层、外遮阳、窗墙比等）的能耗对比，用于指导设计优化，降低全年建筑能耗。

分析效果如图 3.7-38 所示。

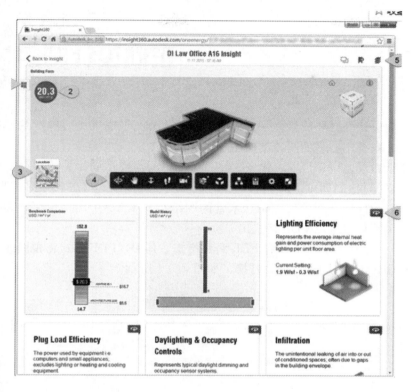

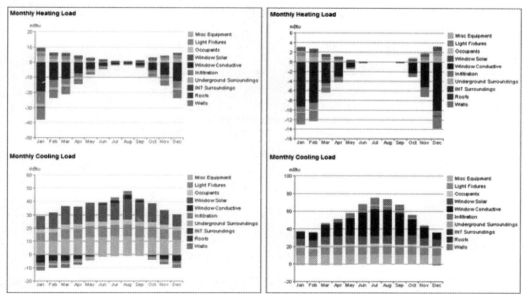

图 3.7-38　能耗模拟分析效果图

使用软件：EnergyPlus、OpenStudio、TRNSYS、IES VE、DeST、Autodesk Insight、DesignBuilder、鸿业性能化分析、Grasshopper＋Honeybee。

图纸为正向设计的必要成果之一。机电专业的主要图纸成果类型包括图纸目录、设计说明、设备表、系统图、平面图、剖面图、机房大样图等。

其中，图纸目录、设计说明、设备表、系统图等为与模型弱相关的字符、图表、抽象线条等，采用 CAD 绘制即可。而机电专业的平面图、剖面图、机房大样图一般采用 Revit 建模、绘制，以便保证空间关系正确。水管的图纸可从 CAD 中出，也可在 Revit 中梳理清楚管道空间关系后直接以 PDF 格式出。

基于 Revit 的出图分为 DWG 和 PDF 两种格式。其中，PDF 格式将视图或者图纸直接以黑白线条打印，不经过中间 CAD 转换，如图 4.0-1 所示。

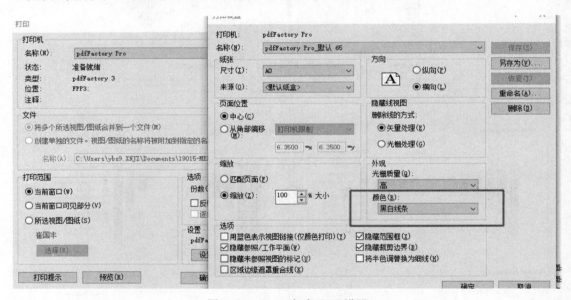

图 4.0-1　Revit 打印 PDF 设置

4.1　视图处理

为了达到最佳的出图效果，需要在出图前做相关设置。对需要淡显的图元（如建筑底图），在视图设置里勾选"半色调"。

前期在准备族库时，即应保证最后的平面出图效果与国家图集标准、企业标注和项目标准的一致性，若有差异性，应在项目前期与设计、校审团队沟通和确认。

4.2　示意图添加

4.2.1　防火分区示意图添加

当机电图纸中添加防火分区示意图时，需要新建视图，通过链接建筑的防火分区图形成本项目中的视图，视图根据设定的浏览器组织进行分类（如"03 防火分区"），便于分层级查（图 4.2-1），然后在图纸区域中添加该视图，置于图框内合适的位置。

图 4.2-1　出图链接建筑防火分区示意图

4.2.2　区位示意图添加

部分项目需要在图框栏中添加区位示意图，通过图例的方法导入区位小图 dwg 作为底图，然后通过填充区域设定不同的区域，如图 4.2-2 所示。最后在图纸中添加，并置于合适的位置。

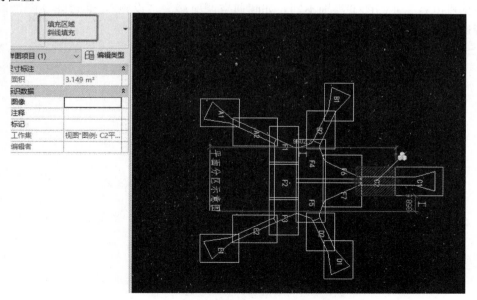

图 4.2-2　制作区位示意图图例

4.3　图框设置

通常，为了保证正向设计出图，样板中需载入符合出图要求的各尺寸类别图框，对于特殊项目，可在图框基础上使用族编辑功能进行调整，如图 4.3-1 所示。

图 4.3-1　图框族

图框图签中需填写的大量项目信息是共享参数类型，使图签信息与预设的项目信息联动。图框内的图名自动获取建立图纸时填写的图纸名称，比例则根据图框内视图的比例自动填写。

根据机电各专业的图纸类别不同，如暖通空调所属为"设施"，通过建立图纸后的类别进行选择，如图 4.3-2 所示，可对图纸进行专业分组。

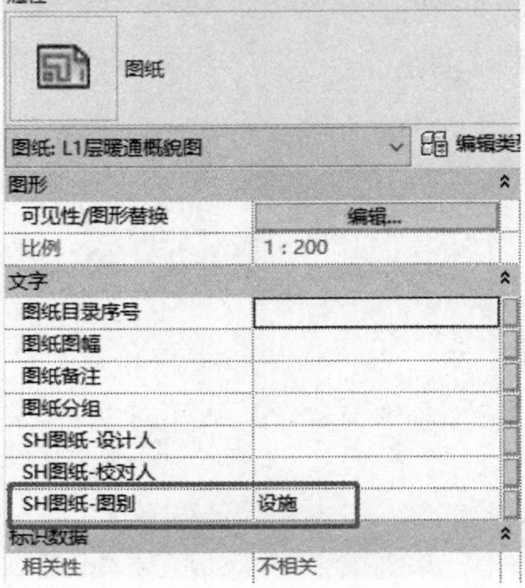

图 4.3-2　图纸设定图别

4.4　DWG 格式导出

即便是全专业使用 Revit 进行设计的项目，也难免在对外协同中有二维输出成果的需求，.dwg 依然是最常见的二维成果格式。Revit 预设的 DWG 导出设置应满足多样的成果输出需求。同时，与 Revit 样板需要符合企业标准一样，DWG 导出设置也需要尽可能地符合企业二维 CAD 制图标准。

点击 Revit 菜单中的"文件"➤"导出"➤"CAD 格式"➤"DWG"，在弹出的【DWG 导出】窗口上方点击"选择导出设置"最右侧的"…"。如图 4.4-1 所示，在弹出的【修改 DWG/DXF 导出设置】窗口左下方点击"新建导出设置"，输入名称后点击"确定"。

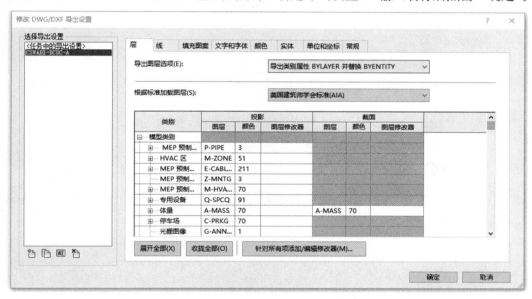

图 4.4-1　修改 DWG/DXF 导出设置界面

将 Revit 机电专业各类别元素及其子元素导出到 DWG 文件各自对应的图层分类，图层名称、线颜色、线型图案、填充图案、文字字体均可在此处设置。随着项目样板和族库的建设，也可在此处对 DWG 导出进行修改调整，如图 4.4-2 所示。

其中，文字和字体导出后选择"保留视觉保真度"，以保证导出 DWG 的显示与 Revit 视图一致，避免出现字体不对或者位置偏移。

而目前，Revit 图纸成果虽然可以导出 .dwg 格式，但与传统 AutoCAD 平台上绘制的图纸显示有差异。在现阶段三维出图标准和规范有限的情况下，为了导出 DWG 显示及图层管理更加贴近传统 CAD 设计师的使用习惯，可以使用专用插件让 Revit 导出 DWG/PDF 更加自如。

例如 ReCAD 插件，优比 ReCAD 是广州优比建筑咨询有限公司开发的代替 Revit 导出 DWG 功能的一个插件工具，可解决 Revit 导出 DWG 的字体、图层标准化、标注样式颜色、图块、图纸空间、字母线型等一系列后处理问题，大幅提高正向设计成果导出 DWG 的效率，在实际项目中做到 BIM 与 CAD 之间的融合。

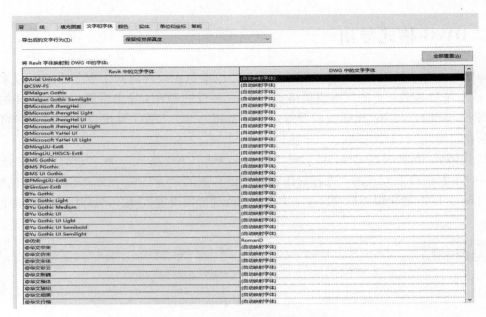

图 4.4-2　dwg 格式导出-字体对应设置

4.5　PDF 格式导出

基于 Revit 的图纸 PDF 格式导出通过打印机打印即可，打印设置内容如图 4.5-1 所示。

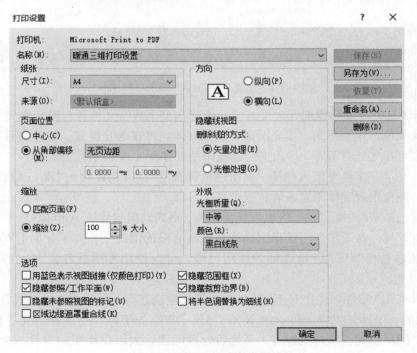

图 4.5-1　PDF 格式打印样式

管道综合是 BIM 设计中空间管理的一部分，指的是在项目中为了达成一定的空间关系（例如满足净高），优化调整机电管线路径、标高的方法。从设计阶段到施工阶段，管道综合在项目前期确定建筑内管线排布方案，中期排查、调整重点区域的管线排布问题，后期指导项目落地实施都有着重要意义。例如，在各专业管线交错复杂并且有净高要求的走道或房间，管线综合就能充分发挥其作用。管道综合本质上是对空间几何信息的重新排布，而 BIM 模型几何信息的完备性远胜于二维图纸，因而管道综合一直是 BIM 技术中最常见的应用之一。

在现阶段，很多团队主要采取设计团队二维制图，BIM 团队建模，再进行管道综合的形式。由于设计与建模分开进行，在动态的设计过程中，图纸经常改变，导致二维图纸和三维模型难以一直保持一致。另外，由于设计阶段没有对重点空间或主要区域进行初步管道综合排布，在后期管道综合调整过程中，大量管线的调整工作难以避免。

机电 BIM 正向设计是解决上述问题的一个有效途径。正向设计直接利用 BIM 工具进行设计，实现设计与建模的同步进行，设计完成即模型完成。并且在设计过程中可实时看到全专业的模型，为提早发现问题提供了便利。

本章节结合机电 BIM 正向设计特点，梳理正向设计背景下的管综流程，阐述管控要点，从而进一步提升设计的质量。

5.1　正向设计阶段管道综合的目标

1. 设计阶段的总体目标

现行的国家行业并未对管综有直接、明确的规定。设计方可根据合同约定、项目定位、项目阶段确定管综目标。

从保证项目质量的角度出发，可以归纳其目标一般包括：

① 合规

各专业管道安装、检修空间符合规范。

② 经济

符合一定的节约安装成本要求。

③ 美观

保证管线安装后的净高，管线本身排布整齐。

上述三个目标中，合规是"底线"，是设计一定要满足的。美观方面，保证一般净高要求也是必要的，但还可进一步考虑每个区域的提升空间，或者管线排布的整齐美观。在考虑上述两个因素外，若还能结合后续的施工工序精细考虑安装成本的优化，则是更高的要求。

2. 规范标准规定目标

《建筑工程设计文件编制深度规定（2016 年版）》[3] 在施工图总图一节中提及总平面图上管线密集处宜适当增加断面图。此外，针对需进行管道综合的相关专业（主要是机电专业），上述规定还要求主要实体均应标注安装标高，但并未说明该标高数值是否经管道综合排布。

在其余现行的国家、行业相关文件里，虽缺少对设计阶段管道综合的直接详细规定，但有各空间净高的要求，可视为对管综成果的间接要求。如《民用建筑设计统一标准》GB 50352—2019[3] 第 6.3.3 条规定：地下室、局部夹层、走道等有人员正常活动的区域的净高不小于 2.0m。2023 年 6 月 1 日执行的《建筑防火通用规范》GB 55037—2022[4] 第 7.1.5 条规定：疏散通道、疏散走道、疏散出口的净高度均不应小于 2.1m。这些规范条文都对设计阶段的管综净高控制提出了更高的要求。

随着 BIM 相关规定的出现，管道综合更多地作为 BIM 应用的一种罗列其中。如《建筑信息模型施工应用标准》GB/T 51235—2017[5] 中说明了 BIM 应用交付成果宜包含碰撞检查分析报告，碰撞检查分析报告应包括碰撞点的位置、类型、修改建议。虽未描述细节，但管道综合逐渐作为一项常规的 BIM 成果进行交付。

3. 设计阶段目标

现阶段我国的民用建筑工程设计一般可分为四个阶段：方案、初步设计、施工图、施工深化。各阶段的管综目标分析如下：

（1）方案阶段。要求机电各专业确定系统和各类管线排布原则，并初步排查可能存在问题的区域，在后续设计阶段中重点关注。

（2）初步设计阶段。要求机电各专业在明确主要系统方案的前提下，确定机房位置和主要管道路由，作为施工图设计的前置条件。该阶段需保证净高，机房的布置需尽量减少主要管线的交叉，确保管线布置的可行性。

（3）施工图是设计院交付的主要成果，用于指导项目招采、施工。对于有装修要求的项目，施工图阶段又可细分为一次设计和二次设计（配合装修设计）。一次设计要保证主要功能空间在满足吊顶高度要求的前提下，大尺寸管道基本无碰撞，小尺寸管道有调整的条件；二次设计时，机电专业的末端点位根据装修条件确定，并随之进一步深化管线的布置，从而确定使用空间的净高是否得到满足，装修效果是否得到保证。

（4）施工深化。需要根据施工图以及相关施工流程、工艺的要求，对管线布置进行精细化的布置（如考虑支吊架因素、管线安装、检修复杂程度等），完全保证施工的落地性。

方案、初设、施工图阶段的实施方是设计院，最后一个阶段实施方一般是施工单位或第三方咨询公司。

5.2　管综流程类型

1. 二维管综流程

传统的二维设计管道综合流程（无 BIM 工具介入）如图 5.2-1 所示。

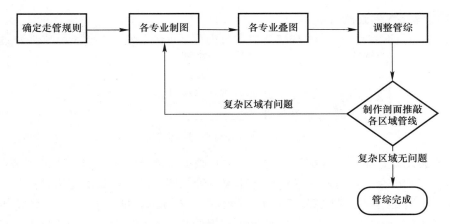

图 5.2-1　二维设计管道综合流程

该种方法最大的问题在于，管道综合是一个复杂的系统性三维空间问题，对于管线较多或异形空间区域，仅靠二维的图纸较难清晰全面地反映问题，找到最合适的调整办法。

2. 后建模管综流程

引入 BIM 工具后的"后 BIM"流程目前也较为常见，如图 5.2-2 所示。

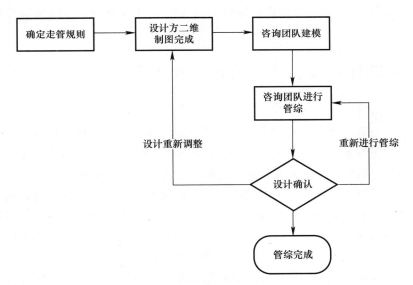

图 5.2-2　后 BIM 管道综合流程

在本流程中，首先由设计团队完成二维图纸，过程中可初步确定走管原则。设计完成后，图纸交付给咨询团队建模、管道综合。咨询团队在管道综合过程中若有重大修改，需再经设计认可。

由于设计方和咨询方通常为两个团队，在建模过程中容易出现模型与设计意图不完全对应的情况，而且设计的变化不能及时地更新在模型中。同时由于 BIM 咨询团队对专业设计了解较少，往往只关注空间，而忽略设计意图，可能引发其他问题。

3. 正向设计管综流程

采用 BIM 正向设计以后，因 BIM 工具的可视化、可协调性，上述流程简化为如图 5.2-3 所示。

图 5.2-3　正向设计管道综合流程

本模式的设计、建模、管综团队均为一体，减少了部分建模环节，降低了劳动和信息交换成本。实际项目中，可视需求将设计建模与管综调整以一定频次交错进行。

其中，BIM 的管综调整多基于占位空间的交叉检测，即碰撞检测。理论上，使用 BIM 进行管道综合是完全可行的。由此看出，无论管道综合质量还是与设计的结合，正向设计管道综合流程都有明显优势。但实际操作中，效果却往往不甚理想，存在以下两种极端倾向：

第一，设计师仍然各自为政，仅将 BIM 软件作为一个二维制图的工具，完全未使用其协调性、可视化的优点。此种方式与二维制图无异，自然无法保证管道综合的质量。

第二，要求模型 0 碰撞，致使设计团队花费大量精力调整细部管道布置，但可能对整体项目质量提升不大。

因此，需要对 BIM 正向设计管道综合的流程进行详细分析，以保证管综配合的高质量和高效率实施。

5.3　正向设计阶段管道综合的优化流程

1. 确定管综标准

设计、建模与管综调整在正向设计里一般由同一主体完成，即可将各专业提前商定好的管道排布融入各专业设计与建模过程中，以减少后续的管道综合调整过程。

应在正向设计策划阶段制定管道排布原则。在各个区域，应该由建筑专业给出完成后的控制高度，这是空间管理工作的大前提。结合建筑专业给出的控制高度，机电专业约定设计过程中各专业的走管高度和位置，例如，暖通专业的管道贴梁先行，水电专业布置在下方，管线交错时执行小管让大管、有压管让无压管的原则等。对于项目中特殊的空间或空间关系较为复杂的地方，则需要针对具体的问题提前商定好原则。对于大量管线经过的公区空间，通常可由建筑专业先定好吊顶控制高度，机电专业在定好的空间内走管。

2. 确定检查时间

因 BIM 工具的可协调性，理论上，Revit 每一次"同步"操作后，都可以看到所有专业最新的模型。因设计是一个变动的过程，实时看到的模型通常不是最终稳定的成果，以过程版为调整依据将会造成大量的无效工作，而待设计完全稳定后再进行管综核查可能存在较大的改动，因此，需要制定合理的核查频次，既不能过于频繁，也不能放任不管。

建议在管线相对稳定时由设计总负责人牵头检查管道综合，具体宜安排在阶段稳定性节点，例如，初步设计结束后（针对重点区域），施工图开展前 1/2 阶段，施工图交付前，等等。

3. 确定重点区域

在设计阶段，管道综合没有必要对所有区域都进行检查调整，否则将带来工作量的激增，但对整体效果帮助有限。在设计前期，最好由建筑专业牵头，对重点需要控制净高的区域和非重点区域进行划分，对重点区域与非重点区域实施不同的管综策略。通常以下区域需归为重点区域：管线夹层、净高紧张、大型机房密集出管处，等等。此外，也可依据BIM 模型中碰撞点位的类型、疏密进行判断。

对于非重点区域，在判定符合使用净高要求，且施工调整难度低之后，设计阶段可不采取调节措施。

对于重点区域，则需至少做到：

（1）保证主管道不碰撞

各专业可根据重点空间及管线布置的特点设定各自的主管道标准，以重点空间的主管道不碰撞为目标进行管综调节。主管道的定义不完全以尺寸决定，如无压管、成组密集小管道等对空间影响大的管线，均可列为重点空间需调管综主管的范畴。

（2）根据样板调整

前序策划时根据不同空间策划了管道布置的样板，调整时应优先根据样板调节。若仍无法解决，可根据项目特点选取一定的原则调整，例如：

首先判断风管，若风管无风口，可往上靠近梁底布置；若风管有风口，可往下靠近吊顶布置（但需预留出风口接管的空间）。

风管确定后，电气桥架先行在高处布置，水管在其下布置。结合有压让无压、小管让大管、暖通管道先排布、附件少让附件多、电气避让水管的原则，根据服务区域优化走管排布（如服务楼上区域的尽量走上方，避免管线交叉，但需复核设计意向是否可行）。

通过边设计、边调整的方式，就可以保证设计过程的管综既不增加太多的工作量，又可在设计阶段最大限度地解决后期的管综问题。

4. 确定分工模式

BIM 正向设计下的管综虽然没有超出设计范畴，但因增设了阶段性管综的目标，对原先设计的分工模式也提出了新的挑战，宜根据项目特点考虑如下。

（1）明确管道综合阶段的第一责任人，这个角色通常为本项目的设计总负责人。设计总负责人有权力、义务协调各专业共同修改，但并无具体修改某一专业管线的权限，因此主要负责定原则，定节点，给出重点区域的要求，判断某区域是否为管道综合的复杂区域。

（2）需明确管综调整的模式。

目前常见的管道综合有两种模式：

① 按区域分工，每个区域由一个人调整；

② 各专业各自调整。

模式 a 较符合管道综合的本意，即对区域和空间负责，由一个人协调整体，但存在与各专业设计本身的调整问题，且区域之间的交接容易出错。

模式 b 能保证各专业内部对本专业的设计内容负责，但在需要彼此配合调整时，协调性较差，且通常单个专业对整体区域或空间效果的考虑不完善。

可根据设计的具体阶段、设计周期是否充足选择合适的模式。通常在正向设计背景下，并没有独立的管道综合阶段，因此建议各专业设计人员分别调整。但需由管道综合牵头人予以协调。

优化的正向设计背景下的管道综合流程如图 5.3-1 所示。

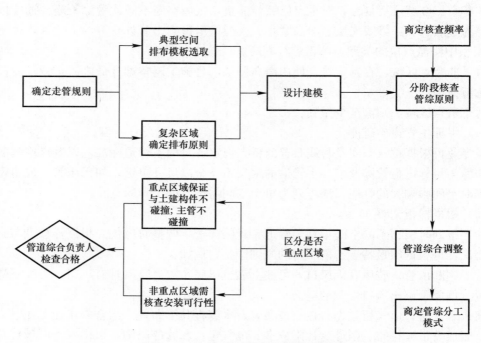

图 5.3-1　正向设计管道综合优化流程

5. 应用案例

接下来以某机场为例，说明具体项目的应用。

该项目共约 50 万 m^2，建筑高度 44.5m。各专业均采用 BIM 正向设计完成施工图。

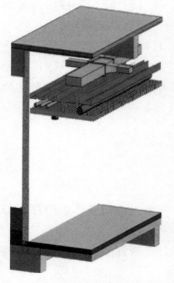

其中一支指廊在设计过程中即充分考虑了管道综合因素。该指廊共 5 层，功能为国际候机区、国际到达廊、国内出发/到达混流候机区、设备机房、业务用房等。

本项目施工图设计采用三维方式完成，仅对局部重点空间进行 BIM 机电管线建模推敲，使机电设计师能在前期集中精力于构建系统的合理性。进入施工图阶段之前，由建筑专业牵头，各专业将所有图纸叠图，初步确认重点空间及大致的管道排布原则。经初步分析，本指廊重点区域主要为一层、夹层处。其中，走道区域属于典型空间，经分析选取图 5.3-2 处作为典型区域，布置如下：

对于管道夹层，因机房、管道、末端复杂，无法套用现成管道排布模板，故制定原则如下：暖通空调专业管道因尺寸较大，需相较前置排布，占据主要空间。其余专业管道布置时应尽量避让已有管道。夹层内的管道布置完成后如图 5.3-3 所示。

图 5.3-2　业务用房走道布置图

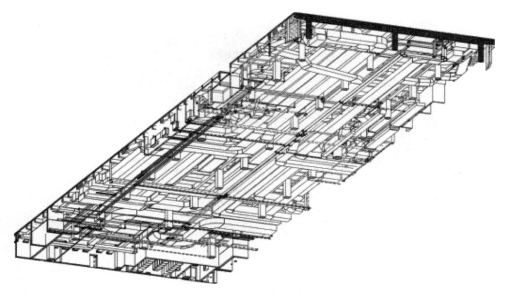

图 5.3-3　夹层内管道布置图

在确定管综原则后，需同时制定正向设计计划。值得注意的是，该计划除了包括常规的专业内、专业间配合要求以外，还需考虑 BIM 模型检查、管道综合的节点要求。本项目制定计划时即明确，在施工图出图前需进行三次主要管道综合核查，目标为：保证重点空间的主管不碰撞、机电与结构部件（如梁、柱）不碰撞、非重点空间安装有可行性。

确定管综原则和设计计划后，机电设计师即在 BIM 平台上进行施工图设计工作，并根据设计计划，在相较稳定的节点时通过相关碰撞检查设定原则，加以调整。

在设计过程中，机电设计师充分利用 BIM 模型可视化、协调性的优势，保证了复杂空间下各机电专业系统布置的可行性，并提前预判解决了各专业的冲突，整体提升了设计质量。最终局部管道综合成果如图 5.3-4 和图 5.3-5 所示。

随着 BIM 正向设计的发展，管道综合应用越发受到重视。越来越多的建设方和设计院单位在设计过程中加入了管道综合的应用，相信随着流程的规整与工具的进步，管道综合这个建筑行业由来已久的应用也会向优质高效迈进。

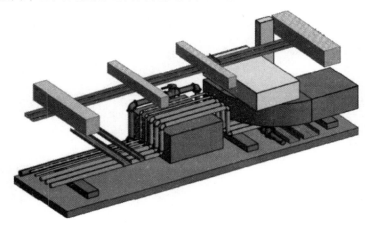

图 5.3-4　吊顶内局部布置图

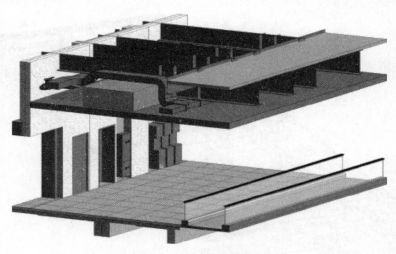

图 5.3-5　自动步道处布置图

校审是保证设计质量的一个重要环节，传统设计模式校审以二维图纸为主，BIM 正向设计校审除了校审二维图纸，还需校审三维模型，在三维模型中排查专业冲突，观察细部，体验空间，这个过程对设计质量的提升是非常明显的。[6]

BIM 正向设计模型集成了项目设计者创建的所有信息，相对于传统 CAD 设计成果，设计信息分散在不同的二维图形中，检查某些设计信息往往需要查看大量图纸，特别是对于复杂项目，一张平面拆分为多个区域，由不同的设计人员分别设计，往往造成分界面的配合冲突，不是重复表达，就是无人表达或冲突，校审工作量很大。有了 BIM 正向设计模型，不同区域可能仍由不同的设计人员设计，但通过模型整合协同，模型中的问题变得非常清晰，不再需要翻阅大量的图纸查看问题所在。

例如，校审传统机电 CAD 设计图时，为了查看一个机房大样的实际布置情况，需要查看该机房的建筑平面图、强电各平面图、弱电各平面图、给水排水各平面图、暖通各平面图、消防各平面图；此外，机电管道穿楼板、承重墙，还要查看结构平面图。因此，作为校审人员，需要很强的空间想象能力，才能将众多离散的平面视图在大脑中组合成空间三维视图，以判断设计的合理性；然而遗憾的是，往往大部分设计图经过设计、校审仍出现大量问题，设计质量不容乐观。

但是，BIM 模型需要校审人员掌握在 BIM 软件里进行校审的基本操作，这对他们提出了更高的要求。对于项目来说，设计的合规性、经济性、安全性、品质、图纸质量等方面的校审是根本，由于传统的设计校审流程、内容、重点等均已非常成熟，本书不做具体校审内容的介绍，仅从技术层面介绍基于 BIM 模型在设计校审方面的准备、方法和要点，供广大校审人员参考。

6.1 BIM 模型校审准备

6.1.1 整理 BIM 模型与图纸清单

BIM 模型中包含非常多的视图，如果没有清晰的整理和指引，校审人员很难厘清整个设计成果的组织。因此，为了让校审人员快速进入校审状态，需对 BIM 软件的成果文件进行整理。下面以一个地下室项目为例，该地下室包含地下一层和地下二层，每一层的设计图又可进一步细分为给水排水平面图、消防平面图、暖通平面图、强电干线平面、弱电干线平面图等。

6.1.2 建立校审视图

Revit 的视图组织较为复杂，其设计成果整理的关键是浏览器组织。在进行校审工作时，"项目浏览器中"的"视图"列表列出了当前项目创建的所有视图，可双击视图名称打开对应的视图，项目校审浏览器组织如图 6.1-1 所示，校审视图分类如图 6.1-2 所示。

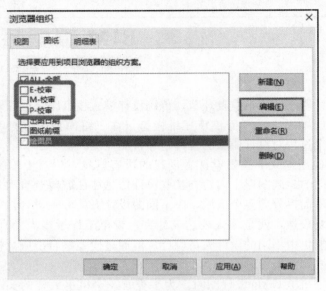

图 6.1-1　项目校审浏览器组织示例

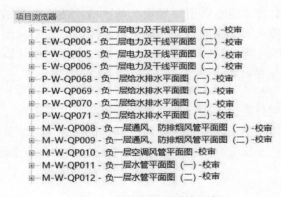

图 6.1-2　校审视图分类示例

BIM 协同设计集成了项目所有参与人的成果，为校审人员进行过程控制提供了方便。因此，需要建立各类合适的校审视图，以监控设计的协同配合，进行过程校审，及时发现并纠正问题，避免事后因为校审问题造成大量修改甚至颠覆性的修改，提高设计质量和效率。

在项目重点区域（如冷水机房、消防水泵房、配电房、电梯厅、设备集中区域等）建立局部视图和剖面视图，方便随时查看这些部位的设计协同情况。

6.2　BIM 模型校审方法

6.2.1　Revit 校审

在 Revit 软件中，采用工作集模式进行校审，该方法可以实现校审的实时性、可追溯性。具体做法为：专业负责人在项目模型文件中增加校审（校对、审核、审定）工作集，新建相应的校审视图，各校审人员在校审视图中批注、标记后，与中心文件进行同步。

在校审视图中，注释，云线批注，圈出批注位置，并在注释参数添加批注意见，如图 6.2-1 所示。设计人员可以根据云线批注定位修改位置，在出图平面图完成修改并提交复核。

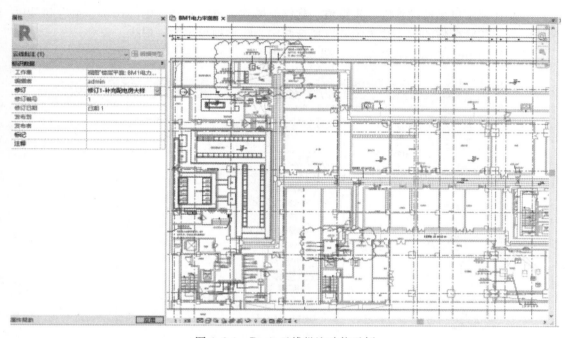

图 6.2-1　Revit 云线批注功能示例

待设计人员同步中心文件后，能立即看到校审意见。在此过程中，校审人员仅能获取校审工作集、校审视图工作集的权限，不具有修改其他视图及三维图元的权限。因此不会造成校审人员对模型的误修改。

BIM 校审具有可追溯性，校审标记文字为注释文字，并添加引线和云线指出问题所在位置。设计人员可将相关的校审意见复制到建模或出图视图中，进行问题的修改，当设计人员按照校审意见修改完成后，可在建模视图、出图视图中将复制过来的意见删除，而校审视图中的校审标记文字、引线均未移动修改。这样就保留了校审记录，具有可追溯性，校审人员可随时检查设计人员是否根据校审意见进行修改。还可以采用导出、备份的方式将模型问题和校审意见存档。

6.2.2　Navisworks 校审

Navisworks 作为 Revit 配套软件，主要用于轻量化模型整合与批注，支持 Revit 模型导出，为校审人员提供一个审查建筑、结构、机电模型等综合模型的平台。但它缺乏图纸浏览的功能，因此主要用于与实体、空间相关的校审。为了提高校审效率，Revit 设计成果导入 Navisworks 时应注意以下几点：

（1）清理无关模型图元。

（2）各专业模型整合，坐标对位正确，导出设置时选择共享坐标。

（3）主要空间、关键空间视点预先保存，在导出时选择"当前视图"。

（4）关掉非本专业链接文件，仅导出本专业文件。

（5）通过部切框限制导出范围，避免远处可能存在的零星构件影响导出后的整体模型范围。

（6）在视图可见性设置处，将管道、管件、风管、风管管件、电缆桥架、电缆桥架配件、线管、线管配件的中心线关闭，以免这些中心线单独导出为一根线。

模型导出 nwc 格式的设置要点如图 6.2-2 所示。

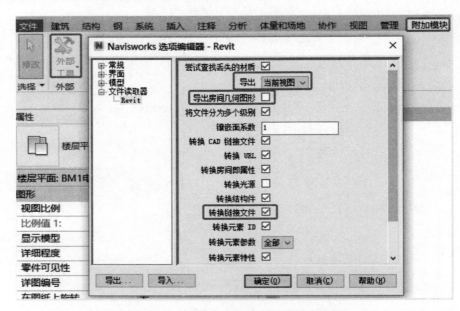

图 6.2-2　导出 nwc 格式的设置要点示例

校审人员打开整理好的 Navisworks 文件，浏览各空间进行检查，发现问题通过"视点保存＋批注"记录下来，一个视点可以记录一个或多个问题。

（1）通过"视点"➤"保存视点"命令将视点保存下来，命名直接记录问题或部位。视点可以通过在视点列表中右键点击"新建文件夹"进行归类整理。

（2）通过"审阅"➤"红线批注"命令，选择合适的工具圈示问题部位。也可直接在上面写文字，但这样批注的文字不好查找，因此不建议这样做。

（3）文字建议通过"审阅"➤"添加标记"命令添加，一个视图可添加多个标记，每个标记在图面上显示一个序号，其内容则记录为对应的一个注释。在视图下方的"注释列表"里可以看到当前视图里记录的注释。

（4）这样就完成了一个视点的批注。模型浏览批注完毕后，要查看整个模型的所有标记，可通过"审阅"➤"注释"➤"查找注释"命令在弹出的窗体中点击"查找"按钮，窗体下面即列出所有注释和对应的标记。逐一点击"注释"按钮，主视图就会跳转该注释所在的视图。

6.2.3　平台校审

通过 Revit 校审和校审软件校审都可以实现基本校审目标，但是在操作体验和工作效率方面不尽如人意，因此，软件商和设计企业基于模型校审的需求研究校审平台。软件商适用于模型本身的校审，如二三维联动、云线圈注、图章标记、自动编号、生成校审列表、发送信息等；设计企业侧重于研发适合本企业特点的校审平台，旨在围绕建筑设计阶段全过程，基于一个设计标准，搭建设计平台，研发一套设计工具，建设覆盖主要专业的设计资源，实现基于 BIM 的三维数字化协同设计，提升设计效率，推动设计模式从二维到三维的变革。

6.3　BIM 模型校审要点

6.3.1　图模一致性校审

模型审查需要从模型和图纸信息是否一致开始，图模一致是保证后续校审工作的基础，理论上，BIM 正向设计不应该存在图模一致性的问题，但由于它是个相对宽泛的概念，目前对"基于 BIM 模型出图"这一关键步骤的专业范围、出图比例等并没有严格规定，对于机电专业来说，仍有部分图纸以二三维方式出图，即将模型导出二维平台出图，因此图模一致性的检测仍然是非常有必要的，如图 6.3-1 所示，导入机房的大样图模不一致。

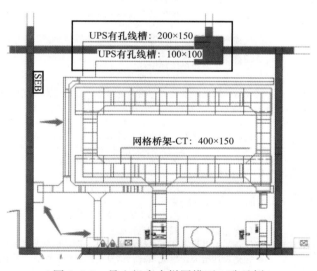

图 6.3-1　导入机房大样图模不一致示例

图模一致性的校审主要审查非模型直接出图的内容，将图纸导入相应模型视图进行比对，此项工作对专业技术要求不高，但工作较为繁琐，随着 BIM 软件及平台的发展与进步，可以从两方面解决此问题：

（1）确定图模一致的校审方法，研发图模一致的校审工具，提高图模一致的校审工作效率和可靠性。

（2）研发模型出图工具，回归在模型中直接出图，逐渐减少模型导出二维平台出图。

6.3.2 模型完整性校审

模型完整性校审是指设计成果所应包含的模型、构件等内容是否完整，BIM 模型所包含的内容及深度是否符合总体策划的交付要求。

BIM 模型的一般完整性校审要点如下：

（1）审查 BIM 模型交付文件是否完整有效；

（2）审查文件的组织、格式、命名等是否符合总体策划；

（3）审查 BIM 模型的精细度是否符合总体策划；

（4）审查 BIM 模型是否符合项目建筑信息模型执行计划的要求；

（5）审查 BIM 模型与设计图纸和设计说明是否一致，并且真实反映设计内容。

另外，在项目实践中发现，重叠构件是 BIM 模型的常见问题，虽然不影响图面表达，但会影响明细表数量的准确性，校审过程中应注意审查是否有多余构件、重叠构件的问题。

机电专业的模型完整性校审要点如表 6.3-1 所示：

机电专业模型完整性校审 表 6.3-1

序号	机电专业	审查内容
1	给水排水	1. 是否完整表达各类泵房、机房内管道、管道附件和主要设备模型； 2. 是否完整表达各系统干管，主要支管、辅助设备和主要附件内容是否完整； 3. 是否包含主要项目级属性信息； 4. 是否包含管道和附件的材质、规格、标高与几何尺寸； 5. 管道附件是否包括系统信息、设备信息和其他设计信息等
2	暖通空调	1. 是否完整表达暖通系统的主要设备（冷水机组、新风机组、空调机组等）模型； 2. 是否完整表达辅助设备（伸缩器、入口装置等）； 3. 是否完整表达管路系统模型； 4. 是否包含主要项目级属性信息； 5. 主要设备、辅助设备是否包括系统信息、设备信息及其他设计信息； 6. 是否表达各系统附件，如风管阀门、风口、消音器、水管阀门、温度计、压力表等； 7. 是否包含各系统管路、管道和附件的材质、规格、标高与几何尺寸
3	电气	1. 是否完整表达主要机房区域和主要设备（机柜、配电柜、变压器、发电机）模型，是否有明确的系统分类； 2. 是否完整表达变配电站（室）、供电干线、电气动力、电气照明、备用和不间断电源等的桥架及主要设备模型； 3. 是否完整表达消防控制室和主要消防设备模型； 4. 是否包含主要项目级属性信息； 5. 主要设备、辅助设备是否包括系统信息、设备信息及其他设计信息等； 6. 是否完整表达智能化集成系统、信息网络系统、综合布线系统、有线电视系统、公共广播系统、会议系统、信息导引及发布系统、时钟系统、信息化应用系统、安防系统、火灾自动报警系统等的线槽、桥架及主要设备模型； 7. 是否包含主要项目级属性信息； 8. 主要设备、辅助设备是否包括系统信息、设备信息及其他设计信息等

其中水暖系统可通过 Revit 的"系统浏览器"检查，在机电的 Revit 文件中，通过"视图"➤"用户界面"➤"系统浏览器"命令打开系统浏览器，这里列出了当前 Revit 文件包含的各种机电系统，从中可以看出系统设置是否完整正确，如图 6.3-2 所示。

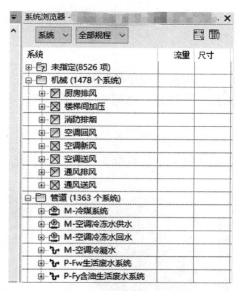

图 6.3-2　通过系统浏览器查看机电系统示例

6.3.3　模型合规性校审

模型合规性校审主要分为建模合规性和技术合规性两个方向，其中，建模合规性主要看建模的方式是否符合规则，这个规则是指项目总体策划中规定的模型拆分方式、模型整合方式、文件组织方式、文件命名方式、构件分类方式、构件命名方式等；技术合规性主要看各专业技术是否满足规范。

（1）机电专业总体要求

① 各系统分类、命名、缩写、颜色设置符合建模规则。

② 各系统的机械设备、管道/风管、管件、配件、末端应全部连接到位，逻辑完整正确。

③ 核查模型是否包含系统过滤器设置，控制项目中文件每个系统的显示开关，方便隔离选取，以及开关控制。

④ 管线综合排布符合相关标准、规则。

（2）管道系统（含给水排水管道、暖通空调水管）

① 管道系统的管段材质与专业设计说明一致，尺寸定义符合规范。

② 核查重力流排水管、通气管及热水管等管道是否按规范设置坡度，是否出现"几"字形翻弯。

③ 核查管道连接方式，例如重力流排水管，转向处宜做顺水连接，禁止逆水流方向连接；横管与立管连接，宜采用 45°斜三通或 45°斜四通以及顺水三通或顺水四通。

④ 核查管件的连接方式与其材质、尺寸是否匹配。

⑤ 核查是否合理使用变径三通、四通。

⑥ 核查立管的平面表达。

（3）风管系统

① 核查风管系统对正、对齐方式是否符合设计意图。

② 核查风口方向、样式。

③ 核查风管立管的平面表达。

（4）桥架系统

① 核查翻弯的角度及半径是否符合线缆敷设需求。

② 核查桥架穿越土建构件处的处理。如图 6.3-3 所示。

（5）其余机电构件

① 核查大型机电设备是否设置基础。

② 核查墙面、天花布置的各种机电设备标高是否合理正确。

图 6.3-3　电气桥架穿越土建构建

6.4　BIM 模型校审优势

与传统二维校审相比，BIM 模型校审利用模型的可视化、模型信息的丰富性、数据的结构化和参数化，方便检查设计中的错漏碰缺和设备材料参数，得出比二维校审更多或更深的结果，校审出二维图纸中不易发现的问题。BIM 模型校审具有以下优势：

（1）利用 BIM 软件强大的参数化功能，将机电设备参数，如制冷（热）量、能效等重要性能参数附着到设备族文件中，并且给模型中的各种管道赋予材质，这样能简化校审工作，让校审人员不必查看设计说明、设备材料等图纸，就能更加迅速、直观地掌握设备材料信息。

（2）除了检查模型自身信息以外，模型中的各专业设计成果是否存在空间关系冲突，如果通过人工方式检查，不仅工作量大，而且易疏漏和误判，因此，要通过设置模型的空间信息、对象几何关系，利用软件自动按照规则检查 BIM 模型，常用的有 Revit 的碰撞检测、Navisworks 的碰撞检测等。同时，模型检查还可根据校审需要对检查规则进行增减、编辑和修改。

（3）对于模型中机电管线复杂的节点，将各专业的图元集合到同一文件中，便于校审人员迅速了解各专业管道的位置及走向。针对节点处出现的问题，校审人员可通过保存视图、三维批注的方式直接在三维模型中批注意见，这更为直观、快捷。

从理论上来讲，基于 BIM 模型的校审与非结构化的 CAD 数据相比更全面、更高效。但在实践中并非如此，许多校审人员不接受直接在 BIM 软件中设计校审，仍倾向于导出二维图纸，这种模式并没有发挥 BIM 模型的校审优势。

BIM 正向设计是整个建筑设计过程的流程再造与优化升级，它不仅通过 BIM 软件建立 BIM 模型，设计并出图，而且进行多专业的协同设计、校审、交付，乃至设计过程中的讨论、汇报。只有将 BIM 模型、BIM 软件作为日常设计、交流的工具，二维和三维联动起来，习惯成自然，才能形成可持续发展的生产力。

第7章 7

常见操作问题

设计师初次采用 Revit 进行机电 BIM 正向设计时，往往感觉力不从心，出现一些不可控的问题，这一方面是由于对 Revit 的掌握不够全面，使用不熟练；另一方面是由于 Revit 未提供符合中国规范和设计习惯的功能，因此总是事倍功半，效率得不到提高，制约了机电 BIM 正向设计的推广应用。

本章提供了采用 Revit 进行机电 BIM 正向设计时常见的问题及解决办法，希望能为工程师提供帮助。

7.1 建模问题

1. 为了避免对视图中的构件误操作，有什么类似于锁定构件的操作吗？

答：选中构件再点击锁定按钮 ⊡ 即可。如图 7.1-1 所示。

图 7.1-1 锁定按钮

2. 项目浏览器与属性框不小心关掉了，如何打开？

答：视图空白处点击右键，可找到属性与浏览器开关，浏览器展开后即可找到项目浏览器开关。如图 7.1-2 所示。

图 7.1-2 简化面板界面

3. 面板变为简化版，如何修改为详细版？

答：点击面板切换按钮，如图 7.1-3 所示。

4. 如何增加水管尺寸？

答：如图 7.1-4 所示：点击菜单栏中"管理"➤"MEP 设置"，再依次点击机械设置➤指定管段➤新建扩充尺寸即可。

图 7.1-3　面板切换按钮

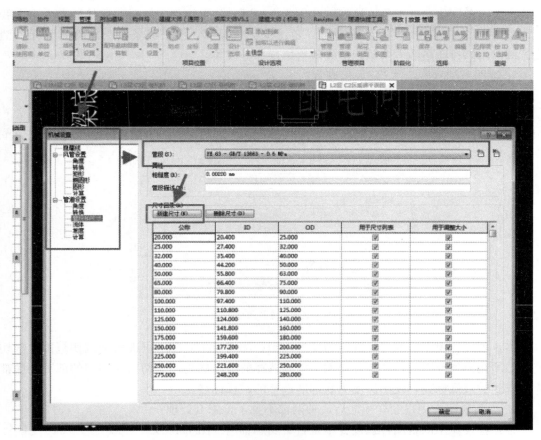

图 7.1-4　新增水管尺寸操作示意

5. 在对竖向风管定位时，如何拾取风管边线，而非风管中心？

答：可见性/图形替换中，在模型类别→风管子下的"升""降"的可见性不勾选，便可将风管立管定位到墙（图 7.1-5）。

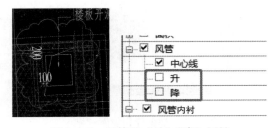

图 7.1-5　风管的"升""降"属性

出图的时候再打开这两项，就可再次看到立管升降符号。

7.2 视图问题

1. Revit 视图中容易出现各种多余的线条，需要如何处理？

答：大多数情况下，多余线条是由构件未连接出现的重合线条或构件连接顺序不对产生的错误线条，将构件正确连接即可解决这个问题；如果构件连接后在连接处产生多余线条，则需要检查两个构件的材质是否一致；少数情况下，多余线条因为软件原因无法消除，可以用修改线条的方法用隐藏线覆盖掉这部分线条。

2. 视图范围（图 7.2-1）如何理解？

图 7.2-1　视图范围面板

答：顶部与视图深度可以理解为模型范围，剖切面与底部可以理解为剖切范围，剖切范围必须在模型范围内；即顶部为剖切面能选择的最高标高，剖切面为剖到的部分，底部为能看到的最低标高，视图深度为底部能选择的最低标高。

3. 当前视图应用视图样板之后，轴网都不见了，怎么处理？

答：检查应用的视图样板设置中是否关闭了轴网（图 7.2-2）。

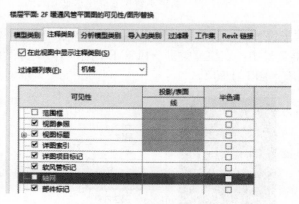

图 7.2-2　视图样板设置"轴网"

4. 画剖面图时，剖切视图中有我们不需要表达的多余图元？

答：检查剖切深度是否合适，通过调整剖面深度控制显示内容，若还有多余，则需要手动点击隐藏。

5. 实际尺寸为 1552mm，但标注尺寸却为 1550mm，应如何解决？

答：检查调整尺寸标注族的精度。

附录　主要操作快捷键

机电正向设计中常用的功能、默认或推荐的快捷键参见附表1。

Revit 主要功能及快捷键

附表 1

功能名称 （按钮位置）	图标	功能描述	快捷键	备注
风管 （"系统"选项卡）	风管	创建风管	DT	
风管 （"系统"选项卡）	风管管件	放置风管管件如弯头、三通、四通	DF	
风管 （"系统"选项卡）	风管附件HVAC	放置风管附件	DA	
风管 （"系统"选项卡）	风道末端	放置风管末端	AT	
机械 （"系统"选项卡）	机械设备	放置机械设备（例如锅炉、风机）	ME	
管道 （"系统"选项卡）	管道	放置水管	PI	
卫浴装置 （"系统"选项卡）	卫浴装置	放置卫浴装置（例如坐便器）	PX	
电缆桥架 （"系统"选项卡）	电缆桥架	放置电缆桥架	CT	
对齐尺寸标注 （"注释"选项卡）	对齐	放置平行参照或多点间的尺寸标注	DI	

功能名称 （按钮位置）	图标	功能描述	快捷键	备注
高程点 （"注释"选项卡）	高程点	放置一个标记表达选定点的标高	EL	
详图线 （"注释"选项卡）	详图线	创建当前视图专有的线	DL	
云线批注 （"注释"选项卡）	云线批注	创建当前视图专有的云线标记	YP	该项无默认快捷键且为常用功能，推荐自定义快捷键为 YP
文字 （"注释"选项卡）	A 文字	创建当前视图专有的文字	TX	
查找/替换 （"注释"选项卡）	查找/替换	查找/替换文字	FR	
按类别标记 （"注释"选项卡）	按类别标记	将标记族附着到图元中	TG	可以通过编辑标记族，指定标记族表达的图元参数
可见性/图形 （"视图"选项卡）	可见性/图形	用于控制图元在视图中的可见性和显示样式	VV	可以通过此功能添加过滤器，深度定制图元表达
细线 （"视图"选项卡）	细线	控制是否区别显示线宽	TL	
剖面 （"视图"选项卡）	剖面	创建剖面视图	PM	该项无默认快捷键且为常用功能，推荐自定义快捷键为 PM
选项卡视图 （"视图"选项卡）	选项卡视图	将所有已经打开的视图作为选项卡排列在某一个视图窗口之上	TW	主屏幕只显示一个视图
平铺视图 （"视图"选项卡）	平铺视图	以小窗口的形式平铺打开所有已经打开的视图	WT	主屏幕显示多个视图
对齐 （"修改"选项卡）		对齐图元至另一图元上的线或面	AL	
移动 （"修改"选项卡）		移动图元	MV	

续表

功能名称 （按钮位置）	图标	功能描述	快捷键	备注
偏移 （"修改"选项卡）		偏移图元	OF	
复制 （"修改"选项卡）		复制图元	CO	
镜像-旋转轴 （"修改"选项卡）		拾取已经存在的线作为对称 轴镜像图元	MM	
镜像-绘制轴 （"修改"选项卡）		绘制对称轴镜像图元	DM	
旋转 （"修改"选项卡）		旋转图元	RO	
修剪/延伸为角 （"修改"选项卡）		修剪/延伸两个图元，使他们 相交并生成一个角	TR	常用于风管、桥架、 水管
阵列 （"修改"选项卡）		阵列图元	AR	
拆分图元 （"修改"选项卡）		将可以适应此操作的图元 （如梁、墙、管道）于指定点 一分为二	SL	
解锁/锁定 （"修改"选项卡）		解锁/锁定图元	UP/PN	锁定的图元无法移动 或修改
在视图中隐藏 （"修改"选项卡）		在当前视图中隐藏选中的图 元	EH	
选择框 （"修改"选项卡）		隔离当前视图中选定的图元， 并展示与之相应的三维视图	BX	
创建类似 （"修改"选项卡）		放置与选定图元类型相同的 图元	CS	
创建组 （"修改"选项卡）		创建包括了所有选中图元的 组，以便重复使用	GP	

参 考 文 献

[1] Autodesk. 帮助文档-关于视图范围 https：//help. autodesk. com/view/RVT/2024/CHS/？ guid＝GUID-58711292-AB78-4C8F-BAA1-0855DDB518BF.

[2] Autodesk. 帮助文档-关于不同种类的族 https：//help. autodesk. com/view/RVT/2024/CHS/？ guid＝GUID-403FFEAE-BFF6-464D-BAC2-85BF3DAB3BA2.

[3] 民用建筑设计统一标准：GB 50352—2019 [S]. 北京：中国建筑工业出版社，2019.

[4] 建筑防火通用规范：GB 55037—2022 [S]. 北京：中国建筑工业出版社，2022.

[5] 建筑信息模型施工应用标准：GB/T 51269—2017 [S]. 北京：中国建筑工业出版社，2017.

[6] 中国建筑业协会. 中国建筑业 BIM 应用分析报告（2022） [M]. 北京：中国建筑工业出版社，2022.

[7] 韦智睿. 建筑设计企业 BIM 设计下校审效率研究 [J]. 广西大学，2021，6.